Was ist eigentlich …?

Reihe herausgegeben von
Tilo Strobach, Department of Psychology, Medical School Hamburg Department of Psychology, Hamburg, Deutschland

Die Buchreihe „Was ist eigentlich …?" möchte den Leserinnen und Lesern einen ersten Einblick in die verschiedenen Disziplinen der Psychologie geben. Die Einteilung der Bände dieser Reihe orientiert sich dabei an den typischen Psychologiemodulen an deutschen Universitäten. Deshalb eignen sich die kompakten Bücher vor allem für Psychologiestudierende am Beginn des Studiums. Sie bieten aber auch für alle anderen, generell an psychologischen Themen Interessierten einen ersten, gut verständlichen Einblick in die psychologischen Disziplinen: Jeder Band stellt den Kern einer dieser Disziplinen vor. Des Weiteren werden prominente Fragestellungen und Diskurse der Vergangenheit und der Gegenwart vorgestellt. Außerdem wird ein Blick in die Zukunft und auf offene Fragen gerichtet.

Weitere Bände in der Reihe http://www.springer.com/series/15934

Felix Naumann · Markus Bühner

Statistik

Eine kurze Einführung für
Studierende der Psychologie und
Sozialwissenschaften

Felix Naumann
Lehrstuhl für Psychologische
Methodenlehre und Diagnostik
LMU München
München, Deutschland

Markus Bühner
Lehrstuhl für Psychologische
Methodenlehre und Diagnostik
LMU München
München, Deutschland

ISSN 2523-8744 ISSN 2523-8752 (electronic)
Was ist eigentlich …?
ISBN 978-3-662-62069-4 ISBN 978-3-662-62070-0 (eBook)
https://doi.org/10.1007/978-3-662-62070-0

Die Deutsche Nationalbibliothek verzeichnet diese Publikation in der Deutschen Nationalbibliografie; detaillierte bibliografische Daten sind im Internet über http://dnb.d-nb.de abrufbar

.© Der/die Herausgeber bzw. der/die Autor(en), exklusiv lizenziert durch Springer-Verlag GmbH, DE, ein Teil von Springer Nature 2020
Das Werk einschließlich aller seiner Teile ist urheberrechtlich geschützt. Jede Verwertung, die nicht ausdrücklich vom Urheberrechtsgesetz zugelassen ist, bedarf der vorherigen Zustimmung des Verlags. Das gilt insbesondere für Vervielfältigungen, Bearbeitungen, Übersetzungen, Mikroverfilmungen und die Einspeicherung und Verarbeitung in elektronischen Systemen.
Die Wiedergabe von allgemein beschreibenden Bezeichnungen, Marken, Unternehmensnamen etc. in diesem Werk bedeutet nicht, dass diese frei durch jedermann benutzt werden dürfen. Die Berechtigung zur Benutzung unterliegt, auch ohne gesonderten Hinweis hierzu, den Regeln des Markenrechts. Die Rechte des jeweiligen Zeicheninhabers sind zu beachten.
Der Verlag, die Autoren und die Herausgeber gehen davon aus, dass die Angaben und Informationen in diesem Werk zum Zeitpunkt der Veröffentlichung vollständig und korrekt sind. Weder der Verlag, noch die Autoren oder die Herausgeber übernehmen, ausdrücklich oder implizit, Gewähr für den Inhalt des Werkes, etwaige Fehler oder Äußerungen. Der Verlag bleibt im Hinblick auf geografische Zuordnungen und Gebietsbezeichnungen in veröffentlichten Karten und Institutionsadressen neutral.

Planung/Lektorat: Joachim Coch
Springer ist ein Imprint der eingetragenen Gesellschaft Springer-Verlag GmbH, DE und ist ein Teil von Springer Nature.
Die Anschrift der Gesellschaft ist: Heidelberger Platz 3, 14197 Berlin, Germany

Lernmaterialien zur Arbeits- und Organisationspsychologie im Internet – www.lehrbuch-psychologie.springer.com

- Deutsch-englisches Glossar mit über 300 Fachbegriffen
- Karteikarten: Fachbegriffe pauken
- Kommentierte Linksammlung
- Zusammenfassungen der 32 Buchkapitel
- Dozentenmaterialien: Foliensätze, Abbildungen und Tabellen

- Lernziele der 11 Buchkapitel
- Glossar der wichtigsten Fachbegriffe
- Karteikarten und Verständnisfragen mit Antworthinweisen
- Hörbeiträge aller Kapitel kostenlos zum Download
- Dozentenmaterialien: Vorlesungsfolien, Prüfungsfragen, Abbildungen, Tabellen

- Zusammenfassungen der Kapitel
- Glossar: Im Web nachschlagen
- Karteikarten: Fachbegriffe pauken
- Kontrollfragen & Antworten zur Prüfungsvorbereitung
- Dozentenmaterialien: Foliensätze, Abbildungen und Tabellen

- Zahlreiche Webexkurse und ein Bonuskapitel „Methodischer Rahmen der Wirtschaftspsychologie"
- Karteikarten, Verständnisfragen und Antworten: Prüfen Sie Ihr Wissen
- Schnelles Nachschlagen: Glossar
- Literaturhinweise, wirtschaftspsychologisch relevante Websites, Youtube-Kanäle und Blogs
- Dozentenmaterialien: Foliensätze, Abbildungen und Tabellen

Lernmaterialien zur Arbeits- und Organisationspsychologie ...

- Kapitelzusammenfassungen
- Verständnisfragen und Antworten
- Glossar mit über 600 Fachbegriffen
- Karteikarten
- Dozentenmaterialien: Foliensätze, Abbildungen und Tabellen

- Kapitelzusammenfassungen
- Verständnisfragen und Antworten
- Karteikarten: Fachbegriffe pauken
- Kommentierte Linksammlung
- Dozentenmaterialien: Vorlesungsfolien, Abbildungen und Tabellen

Einfach lesen, hören, lernen im Web – ganz ohne Registrierung! Fragen? lehrbuch-psychologie@springer.com

Inhaltsverzeichnis

1	Was ist eigentlich Statistik?..................................	1
2	Deskriptivstatistik...	3
3	Inferenzstatistik...	11
4	Statistische Modellierung....................................	53
5	Zusammenfassung...	65
Literatur..		67

Was ist eigentlich Statistik? 1

Statistik ist eine Wissenschaft, die sich mit der Analyse von Daten beschäftigt (Bühner und Ziegler, 2017). Diese Definition wirft natürlich sofort eine weitere Frage auf: Was sind Daten?

Daten sind Informationen über Untersuchungsobjekte bezüglich verschiedener Merkmale. Sie können in einem **Datensatz** zusammengefasst werden. Im folgenden Beispieldatensatz sind die Untersuchungsobjekte etwa Personen und die untersuchten Merkmale Intelligenz (gemessen in IQ-Werten) und Geburtsort:

	Intelligenz (IQ)	Geburtsort
Anna	125	München
Sabrina	110	Berlin
Paul	100	Leipzig
Markus	105	Frankfurt
Paula	105	München

Merkmale werden in der Statistik auch **Variablen** genannt. Die Werte, die eine Variable annehmen kann, nennt man **Ausprägungen**. In unserem Beispiel weist Anna etwa die Ausprägung 125 auf der Variable Intelligenz auf. Je nachdem, wie viele verschiedene Ausprägungen eine Variable theoretisch annehmen kann, können wir zwei Arten von Variablen unterscheiden:

- **Diskrete Variablen** können eine *endliche* Anzahl an Ausprägungen aufweisen. Typische Beispiele für diskrete Variablen sind Geburtsort, Blutgruppe

oder Schulnoten. Die Ausprägungen von diskreten Variablen müssen nicht unbedingt in Form von Zahlen vorliegen.
- **Stetige Variablen** können eine *unendliche* Anzahl an beliebig fein abgestuften Ausprägungen aufweisen. Typische Beispiele für stetige Variablen sind physikalische Variablen wie Körpergröße oder Gewicht. Aber auch viele psychologische Variablen, wie z. B. Intelligenz, werden in der Praxis als stetige Variablen behandelt. Die Ausprägungen von stetigen Variablen sind stets Zahlen.

Je nachdem, was mit der Analyse von Daten bezweckt wird, lässt sich die Statistik in zwei Teilgebiete einteilen:

- **Deskriptivstatistik:** Beschreibung von Daten
- **Inferenzstatistik:** Schluss von unvollständigen auf vollständige Daten

Beide spielen eine zentrale Rolle in allen empirischen Wissenschaften und somit auch in der Psychologie. Im Rahmen dieses Buches werden wir zunächst die wichtigsten Begriffe und Methoden der Deskriptivstatistik kennenlernen. Im Anschluss daran werden wir uns mit zentralen Begriffen und Konzepten der Inferenzstatistik beschäftigen. Schließlich werden wir noch auf einige Aspekte der statistischen Modellierung eingehen.

Deskriptivstatistik 2

Das Ziel deskriptivstatistischer Verfahren ist die Beschreibung von Variablen in einem feststehenden Datensatz. In der Regel geschieht dies in Form von Maßzahlen oder grafischen Abbildungen.

Wie eine Variable sinnvoll beschrieben oder grafisch dargestellt werden kann, hängt davon ab, ob es sich um eine diskrete oder eine stetige Variable handelt.

2.1 Diskrete Variablen

2.1.1 Maßzahlen

Die wichtigsten deskriptivstatistischen Maßzahlen für diskrete Variablen sind absolute und relative Häufigkeiten.

2.1.1.1 Absolute Häufigkeiten
Jede Ausprägung einer diskreten Variable hat eine **absolute Häufigkeit H**. Diese entspricht der *Anzahl* der Personen im Datensatz, die diese Ausprägung aufweisen.

Wir betrachten den folgenden Beispieldatensatz:

	Depression
Anna	Ja
Sabrina	Nein
Paul	Ja

	Depression
Markus	Nein
Paula	Ja
Lena	Nein
Max	Nein
Yvonne	Nein
Christian	Nein

Auf der diskreten Variable „Depression" können Personen hier die Ausprägungen „Ja" und „Nein" aufweisen, je nachdem, ob bei ihnen eine depressive Störung diagnostiziert wurde oder nicht. In unserem Datensatz weisen die drei Personen Anna, Paul und Paula eine solche auf. Die absolute Häufigkeit der Ausprägung „ja" ist also $H_{Ja}=3$. Bei den sechs Personen Sabrina, Markus, Yvonne, Lena, Max und Christian wurde keine Depression diagnostiziert. Die absolute Häufigkeit der Ausprägung „Nein" ist somit $H_{Nein}=6$.

Es bietet sich an, die absoluten Häufigkeiten in Form einer Tabelle anzugeben:

Depression	Ja	Nein
Absolute Häufigkeit	3	6

2.1.1.2 Relative Häufigkeiten

Jede Ausprägung einer diskreten Variable hat eine **relative Häufigkeit h**. Diese entspricht dem *Anteil* der Personen im Datensatz, die diese Ausprägung aufweisen, und kann Werte zwischen 0 und 1 annehmen.

Wir können die relativen Häufigkeiten direkt aus den absoluten Häufigkeiten berechnen, indem wir diese durch die Anzahl n aller Personen im Datensatz teilen:

$$h_{Ausprägung} = \frac{H_{Ausprägung}}{n}$$

Unser Beispieldatensatz enthält insgesamt neun Personen. Damit ist $n=9$ und es ergeben sich die folgenden relativen Häufigkeiten:

$$h_{Ja} = \frac{H_{Ja}}{n} = \frac{3}{9} = \frac{1}{3}$$

$$h_{Nein} = \frac{H_{Nein}}{n} = \frac{6}{9} = \frac{2}{3}$$

2.2 Stetige Variablen

Das heißt: Ein Drittel der Personen weist eine depressive Störung auf und zwei Drittel der Personen weisen keine depressive Störung auf.
In tabellarischer Form:

Depression	Ja	Nein
Relative Häufigkeit	$\frac{1}{3}$	$\frac{2}{3}$

2.1.2 Grafische Darstellung

Zur grafischen Darstellung von diskreten Variablen eignen sich **Balkendiagramme**. Auf deren x-Achse sind die Ausprägungen der Variable abgetragen und auf der y-Achse die entsprechenden absoluten oder relativen Häufigkeiten.
In unserem Beispiel sähe ein Balkendiagramm etwa wie in Abb. 2.1 aus.

2.2 Stetige Variablen

2.2.1 Maßzahlen

Deskriptivstatistische Maßzahlen für stetige Variablen lassen sich in Lagemaße und Streuungsmaße einteilen.

2.2.1.1 Lagemaße
Lagemaße geben Auskunft darüber, was eine „typische" Ausprägung der stetigen Variable in unserem Datensatz ist.

Das wichtigste Lagemaß ist der **Mittelwert** $\bar{x}$. Er entspricht der durchschnittlichen Ausprägung der Variable und kann berechnet werden, indem die Ausprägungen aller Personen aufsummiert werden und durch die Anzahl n der Personen geteilt werden.

Wir betrachten den folgenden Beispieldatensatz:

	IQ
Anna	125
Sabrina	110
Paul	100

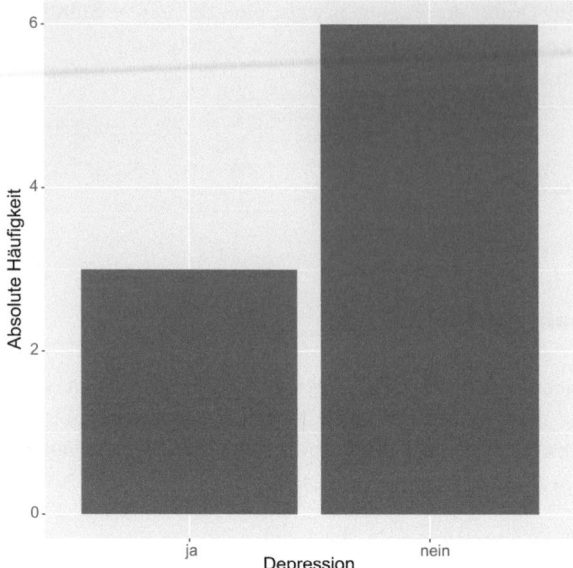

Abb. 2.1 Balkendiagramm Depression. Diese und alle weiteren Darstellungen in diesem Buch wurden mithilfe von ggplot2 (Wickham 2016) erstellt

	IQ
Markus	125
Paula	105

Die Summe aller Ausprägungen ist hier $125+110+100+125+105=565$. Teilen wir diesen Wert durch die Anzahl der Personen im Datensatz, also durch $n=5$, erhalten wir als Mittelwert $\bar{x} = 113$. Der durchschnittliche IQ ist somit 113.

2.2.1.2 Streuungsmaße

Mithilfe von **Streuungsmaßen** können wir angeben, wie stark sich die Personen in unserem Datensatz in ihren Ausprägungen auf der stetigen Variable unterscheiden.

Eines der wichtigen Streuungsmaße ist die **Varianz** s^2. Sie kann Werte zwischen 0 und $+\infty$ annehmen: Falls alle Personen im Datensatz die gleiche

2.2 Stetige Variablen

Ausprägung auf der Variable aufweisen, ist die Varianz gleich 0. Je stärker sich die Personen in ihren Ausprägungen unterscheiden, desto größer ist Varianz.

Um die Varianz ermitteln zu können, müssen wir zunächst den Mittelwert bestimmen. In einem zweiten Schritt berechnen wir für jede Person die Abweichung ihrer Ausprägung von diesem Mittelwert. Diese Abweichungen quadrieren wir anschließend für jede Person und berechnen aus diesen quadrierten Abweichungen den Mittelwert. Dieser entspricht der Varianz.

Für die IQ-Werte in unserem Beispiel hatte sich als Mittelwert $\bar{x} = 113$ ergeben. Wir ziehen diesen Wert nun von den Ausprägungen aller Personen ab und erhalten dadurch die folgenden Abweichungen:

	Abweichungen vom mittleren IQ
Anna	125–113 = 12
Sabrina	110–113 = –3
Paul	100–113 = –13
Markus	125–113 = 12
Paula	105–113 = –8

Quadrieren dieser Abweichungen ergibt:

	Quadrierte Abweichungen vom mittleren IQ
Anna	$12^2 = 144$
Sabrina	$(-3)^2 = 9$
Paul	$(-13)^2 = 169$
Markus	$12^2 = 144$
Paula	$(-8)^2 = 64$

Schließlich berechnen wir den Mittelwert dieser Werte: Wir summieren alle Werte auf und teilen sie durch die Anzahl n = 5 der Personen:

$$\frac{144 + 9 + 169 + 144 + 64 = 530}{5} = \frac{530}{5} = 106$$

Die Varianz der IQ-Werte ist also $s^2 = 106$.

Ein weiteres wichtiges Streuungsmaß ist die **Standardabweichung s**. Sie entspricht der Wurzel der Varianz: $s = \sqrt{s^2}$. In unserem Beispiel wäre die Standardabweichung also $s = \sqrt{s^2} = \sqrt{106} \approx 10.3$.

2.2.2 Grafische Darstellung

Zur grafischen Darstellung stetiger Variablen können **Histogramme** verwendet werden. Bei diesen wird der Wertebereich der stetigen Variable auf der x-Achse in gleichabständige Abschnitte eingeteilt und auf der y-Achse jeweils die absolute oder relative Häufigkeit der Ausprägungen abgetragen, die in das entsprechende Intervall fallen.

Für unser Beispiel sähe ein Histogramm mit absoluten Häufigkeiten bei einer Intervalllänge von 5 aus wie in Abb. 2.2.

Dies ist aufgrund der geringen Anzahl an Personen natürlich nicht besonders aussagekräftig. Mit mehr Personen könnte ein Histogramm aussehen wie in Abb. 2.3.

Hier würden wir etwa sehen, dass die Häufigkeiten weitgehend symmetrisch verteilt sind und ein Großteil der Personen IQ-Werte zwischen 75 und 150 aufweist.

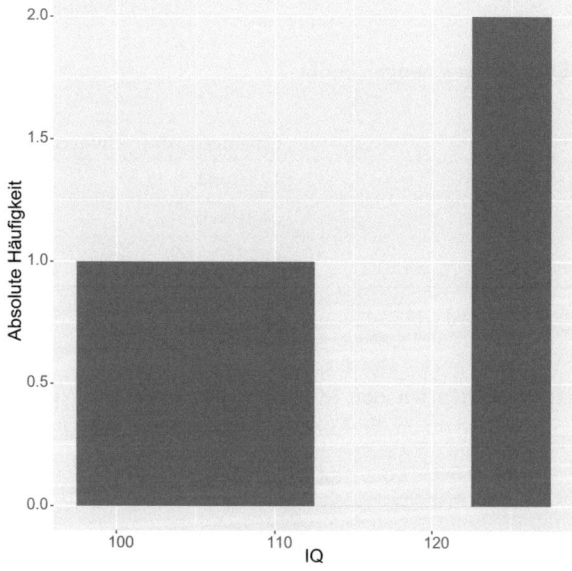

Abb. 2.2 Histogramm IQ

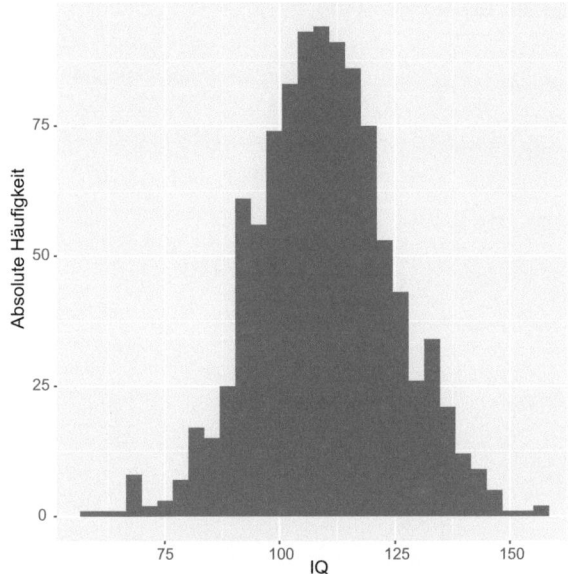

Abb. 2.3 Histogramm IQ mit mehr Beobachtungen

2.3 Weitere deskriptivstatistische Maßzahlen

Weitere wichtige deskriptive Maßzahlen beschreiben den Zusammenhang zwischen mehreren Variablen. Je nach Art der Variablen kann man die Maße klassifizieren:

- Maße für den Zusammenhang zwischen zwei stetigen Variablen
- Maße für den Zusammenhang zwischen zwei diskreten Variablen
- Maße für den Zusammenhang zwischen einer diskreten und einer stetigen Variable

Für Details sei auf Bühner und Ziegler (2017) verweisen.

Inferenzstatistik 3

3.1 Population und Stichprobe

Psychologische Fragestellungen beziehen sich zumeist auf eine sehr große Gruppe von Personen. Diese Gruppe wird **Population** genannt.
Beispiele für psychologische Fragestellungen:

- Beispiel 1: Ist die relative Häufigkeit von depressiven Störungen in Deutschland höher als 0.1?
- Beispiel 2: Wie hoch ist die durchschnittliche Intelligenz von Psychologiestudenten in Deutschland?

In Beispiel 1 besteht die Population aus allen Menschen in Deutschland. In Beispiel 2 besteht die Population aus allen Psychologiestudenten in Deutschland.

Falls wir jeweils die komplette Population untersuchen könnten, wäre es möglich, diese Fragestellungen im Rahmen der Deskriptivstatistik zu beantworten:

In Beispiel 1 würden wir bei jeder Person in Deutschland erfassen, ob sie unter einer depressiven Störung leidet und dann die relative Häufigkeit berechnen, um zu sehen, ob sie größer als 0.1 ist. In Beispiel 2 würden wir mit allen Psychologiestudenten in Deutschland einen IQ-Test durchführen und dann den Mittelwert dieser IQ-Werte berechnen.

In der Praxis ist es jedoch nur in den seltensten Fällen möglich, Daten aus der kompletten Population zu erheben. Wir können vielmehr nur eine Teilmenge von Personen aus der Population untersuchen. Diese Teilmenge wird **Stichprobe** genannt. In unseren Beispielen könnte es etwa sein, dass wir jeweils nur eine Stichprobe von 500 Personen untersucht haben.

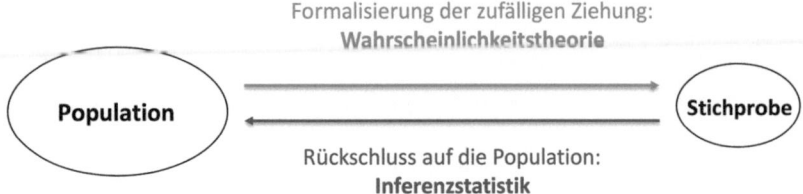

Abb. 3.1 Wahrscheinlichkeitstheorie und Inferenzstatistik

Wir benötigen daher Methoden, um von den Stichprobendaten auf die Population zu schließen. Diese Methoden werden **inferenzstatistische Methoden** genannt.

Da die Information aus der Stichprobe unvollständig ist, können bei diesem Schluss auf die gesamte Population **Fehler** auftreten.

Zentrale Fragen der Inferenzstatistik sind somit:

- Wie können wir aus Stichprobendaten auf eine Population schließen?
- Wie können wir das Ausmaß des dabei auftretenden Fehlers quantifizieren?
- Wie können wir das Ausmaß dieses Fehlers so klein wie möglich halten?

Die Grundidee der Inferenzstatistik ist, die Stichproben **zufällig** zu ziehen. Falls wir dies tun, können wir den Ziehungsvorgang nämlich mithilfe der **Wahrscheinlichkeitstheorie** beschreiben und so unter anderem Wahrscheinlichkeiten für Fehlschlüsse berechnen und minimieren (siehe Abb. 3.1).

3.2 Wahrscheinlichkeitstheorie

3.2.1 Zufallsexperimente

Die Wahrscheinlichkeitstheorie beschäftigt sich mit der mathematischen Beschreibung von **Zufallsexperimenten**. Ein Zufallsexperiment ist ein Vorgang, der mehrere verschiedene Ausgänge haben kann, von denen wir nicht wissen, welcher eintreten wird. Diese möglichen Ausgänge werden **Ergebnisse** genannt.

Beispielsweise ist die zufällige Ziehung einer Person aus einer Population ein Zufallsexperiment. Falls wir etwa von einer (sehr kleinen) Population ausgehen, die aus den Personen Sarah, Martin und Katharina besteht und aus dieser Population zufällig eine Person ziehen, sind die möglichen Ergebnisse:

3.2 Wahrscheinlichkeitstheorie

- „Sarah wird gezogen"
- „Martin wird gezogen"
- „Katharina wird gezogen"

Ergebnisse von Zufallsexperimenten können durch „oder"-Verknüpfungen zu **Ereignissen** verbunden werden. Diese werden in der Regel mit Großbuchstaben bezeichnet.
Mögliche Ereignisse in unserem Beispiel wären u. a.:

- A = „Sarah wird gezogen oder Martin wird gezogen"
- B = „Sarah wird gezogen oder Katharina wird gezogen"

Wir sagen, dass ein Ereignis eingetreten ist, wenn eines der in ihm enthaltenen Ergebnisse eingetreten ist. Beispielsweise ist das Ereignis „Sarah wird gezogen oder Martin wird gezogen" sowohl eingetreten, wenn das Ergebnis des Zufallsexperimentes „Sarah wird gezogen" ist, als auch, wenn das Ergebnis „Martin wird gezogen" ist. Es ist jedoch nicht eingetreten, wenn das Ergebnis „Katharina wird gezogen" ist.

Das Ereignis, dass aus allen Ergebnissen besteht, wird auch **sicheres Ereignis** Ω genannt. Es tritt in jedem Fall ein. In unserem Beispiel ist das sichere Ereignis „Sarah wird gezogen oder Martin wird gezogen oder Katharina wird gezogen".

Neben solchen „oder"-Verknüpfungen gibt es auch sogenannte **Elementarereignisse,** die lediglich aus einem einzigen Ergebnis bestehen. Mathematisch gesehen gibt es zwar einen Unterschied zwischen Ergebnissen und Elementarereignissen, inhaltlich gesehen ist dieser jedoch nicht von Bedeutung: Falls das Ergebnis „Sarah wird gezogen" eingetreten ist, ist immer auch gleichzeitig das Elementarereignis „Sarah wird gezogen" eingetreten und umgekehrt.

Ein konkretes Zufallsexperiment kann also durch die Menge der möglichen Ergebnisse und die Menge der möglichen Ereignisse beschrieben werden. Vollständig charakterisiert wird es jedoch erst durch eine **Wahrscheinlichkeitsverteilung P,** welche jedem möglichen Ereignis seine Wahrscheinlichkeit zuordnet.

Diese Zuordnung von Wahrscheinlichkeiten muss bestimmten Regeln folgen, die durch die **drei Axiome der Wahrscheinlichkeitstheorie** festgelegt sind:

Axiom 1:   Die Wahrscheinlichkeit P für alle Ereignisse liegt zwischen 0 und 1:

$0 \leq P(A) \leq 1$ für alle Ereignisse A.

Axiom 2: Die Wahrscheinlichkeit P für das sichere Ereignis Ω, also dafür, dass irgendein Ergebnis auftritt, ist gleich 1:

$$P(\Omega) = 1$$

Axiom 3 (vereinfacht): Die Wahrscheinlichkeit P dafür, dass ein Ereignis A oder ein Ereignis B auftritt, entspricht der Summe der jeweiligen Wahrscheinlichkeiten von A und B, falls sich A und B gegenseitig ausschließen:

$P(A\ oder\ B) = P(A) + P(B)$ für sich gegenseitig ausschließende Ereignisse A und B.

Die Axiome legen jedoch nicht fest, was eine Aussage wie „Die Wahrscheinlichkeit für Ereignis A ist 0.5" inhaltlich bedeutet. Hierfür werden wir den sogenannten **frequentistischen Wahrscheinlichkeitsbegriff** zugrunde legen. Das bedeutet, dass wir Wahrscheinlichkeiten immer als relative Auftretenshäufigkeit des jeweiligen Ereignisses bei unendlicher Wiederholung des Zufallsexperiments auffassen. Die Aussage „Die Wahrscheinlichkeit dafür, dass Sarah gezogen wird, ist 0.5" bedeutet für uns also „Falls wir unendlich oft eine Person (mit Zurücklegen) aus der Population ziehen, wird wir in der Hälfte der Fälle Sarah gezogen".

3.2.2 Zufallsvariablen

Um bestimmte Teilaspekte von Zufallsexperimenten zu beschreiben, verwenden wir **Zufallsvariablen**. Zufallsvariablen sind mathematische Funktionen, die jedem möglichen Ergebnis eines Zufallsexperimentes eine Zahl zuordnen. In psychologischen Anwendungen stehen sie häufig für einen Messvorgang.

Falls wir uns in unserem Beispiel etwa für den IQ der zufällig gezogenen Person interessieren, können wir eine Zufallsvariable X definieren, die der gezogenen Person den bei ihr gemessenen IQ zuweist: Die möglichen Ergebnisse sind „Sarah wird gezogen", „Martin wird gezogen", „Katharina wird gezogen". Wir nehmen nun an, dass Sarah einen IQ von 120, Martin einen IQ von 110 und Katharina einen IQ von 108 aufweist. In diesem Fall würde die Zufallsvariable X den Wert 120 annehmen, falls Sarah gezogen wird, den Wert 110, falls Martin gezogen wird, und den Wert 108, falls Katharina gezogen wird. Die Zufallsvariable X wäre also durch die Zuordnung

3.2 Wahrscheinlichkeitstheorie

- X(„Sarah wurde gezogen") = 120
- X(„Martin wurde gezogen") = 110
- X(„Katharina wurde gezogen") = 108

definiert.

Falls wir uns hingegen dafür interessieren, ob die gezogene Person an einer depressiven Störung leidet, könnten wir eine Zufallsvariable Y definieren, die der gezogenen Person den Wert 1 zuweist, falls sie an einer Depressiven Störung leidet und den Wert 0, falls nicht. Falls wir annehmen, dass nur Sarah an einer depressiven Störung leidet, wäre Y durch die folgende Zuordnung definiert:

- Y(„Sarah wurde gezogen") = 1
- Y(„Martin wurde gezogen") = 0
- Y(„Katharina wurde gezogen") = 0

Nach Ablauf eines Zufallsexperiments nimmt eine Zufallsvariable denjenigen Wert an, den sie dem aufgetretenen Ergebnis zuweist. Man sagt dann auch, dass sich die Zufallsvariable in diesem Wert realisiert hat. Den Wert, in dem sich die Zufallsvariable realisiert hat, nennt man dementsprechend auch **Realisation**. Falls in unserem Beispiel etwa Sarah gezogen wird, wäre die Realisation von X gleich 120 und die Realisation von Y gleich 1.

Je nachdem, wie viele mögliche Realisationen eine Zufallsvariable annehmen kann, können wir zwischen diskreten und stetigen Zufallsvariablen unterscheiden. Diese Unterscheidung ist analog zur Unterscheidung bei nicht-zufälligen Variablen, die wir schon aus der Deskriptivstatistik kennen:

- **Diskrete Zufallsvariablen** können sich nur in endlich vielen Werten realisieren
- **Stetige Zufallsvariablen** können sich in unendlich vielen, beliebig fein abgestuften Werten realisieren

Die beiden Zufallsvariablen aus unseren Beispielen sind beide diskret: Die Zufallsvariable X, die für den IQ der zufällig gezogenen Person steht, kann nur die Werte 120, 110 und 108 annehmen. Die Zufallsvariable Y, die dafür steht, ob die zufällig gezogene Person an einer depressiven Störung leidet, kann nur die Werte 0 und 1 annehmen. Falls wir jedoch aus einer größeren Population ziehen würden, könnte X nahezu beliebig viele IQ-Werte annehmen und somit als stetige Zufallsvariable aufgefasst werden. Y bliebe hingegen auch in diesem Fall eine diskrete Zufallsvariable.

3.2.3 Wahrscheinlichkeitsverteilungen von Zufallsvariablen

In vielen Anwendungsfällen interessieren wir uns weniger für die Wahrscheinlichkeiten von Ereignissen des zugrunde liegenden Zufallsexperiments als für die Wahrscheinlichkeiten dafür, dass eine uns interessierende Zufallsvariable bestimmte Werte annimmt.

Beispielsweise könnten wir uns in den Beispielen des letzten Unterkapitels für die Wahrscheinlichkeit $P(X>115)$ interessieren, also für die Wahrscheinlichkeit, dass die zufällig gezogene Person einen höheren IQ als 115 aufweist. Oder wir könnten uns für die Wahrscheinlichkeit $P(Y=1)$ interessieren, also für die Wahrscheinlichkeit, dass die zufällig gezogene Person unter einer depressiven Störung leidet.

Alle diese Wahrscheinlichkeiten können prinzipiell aus der dem Zufallsexperiment zugrunde liegenden Wahrscheinlichkeitsverteilung berechnet werden. Meistens geben wir jedoch direkt eine Wahrscheinlichkeitsverteilung für die Zufallsvariablen vor. Dies werden wir uns für diskrete und stetige Zufallsvariablen getrennt ansehen.

3.2.3.1 Diskrete Zufallsvariablen

Für diskrete Zufallsvariablen reicht es aus, die Wahrscheinlichkeiten für alle einzelnen Realisationen anzugeben. Dann können nämlich die Wahrscheinlichkeiten für alle weiteren Ereignisse auf der Ebene der Zufallsvariable mithilfe des dritten Axioms berechnet werden:

Für eine Zufallsvariable X mit drei möglichen Realisationen 1, 2 und 3 könnten die Wahrscheinlichkeiten beispielsweise die folgenden Werte aufweisen:

$$P(X = 1) = 0.3.$$
$$P(X = 2) = 0.5.$$
$$P(X = 3) = 0.2.$$

Falls wir nun z. B. die Wahrscheinlichkeit für das Ereignis „$X<3$" berechnen wollen, also dafür, dass sich diese Zufallsvariable in dem Wert 1 oder 2 realisiert, ergibt sich diese mithilfe des 3. Axioms:

$$P(X < 3) = P(X = 1 \, oder \, X = 2) = P(X = 1) + P(X = 2) = 0.3 + 0.5 = 0.8$$

Analog funktioniert dies auch für alle weiteren Ereignisse.

3.2 Wahrscheinlichkeitstheorie

Eine Funktion, die allen Realisationen einer diskreten Zufallsvariable eine Wahrscheinlichkeit zuordnet, wird **Wahrscheinlichkeitsfunktion f(x)** genannt. Die Wahrscheinlichkeitsverteilung einer diskreten Zufallsvariable kann somit durch die Angabe einer Wahrscheinlichkeitsfunktion vollständig charakterisiert werden.

Ein Beispiel für eine Wahrscheinlichkeitsverteilung für diskrete Zufallsvariablen ist die Bernoulli-Verteilung: Eine diskrete Zufallsvariable X wird **Bernoulli-Variable** genannt und folgt einer **Bernoulli-Verteilung,** falls sie nur die Werte 0 und 1 annehmen kann. In diesem Fall hat ihre Wahrscheinlichkeitsfunktion die folgende Form:

$$f(x) = P(X = x) = \pi^x (1 - \pi)^{1-x}$$

Hierbei steht x für eine der beiden möglichen Realisationen von X, d. h. x ist entweder 0 oder 1.

π entspricht der Wahrscheinlichkeit dafür, dass die Bernoulli-Variable sich in dem Wert 1 realisiert:

$$f(1) = P(X = 1) = \pi^1 (1 - \pi)^{1-1} = \pi^1 (1 - \pi)^0 = \pi^1 \cdot 1 = \pi$$

Eine Größe wie π, deren Ausprägung die konkrete Form einer Wahrscheinlichkeitsverteilung festlegt, wird **Parameter** genannt. π ist also der Parameter der Bernoulli-Verteilung.

Je nachdem, welchen konkreten Wert zwischen 0 und 1 wir für π einsetzen, ergibt sich eine andere Wahrscheinlichkeitsfunktion und somit eine andere konkrete Bernoulli-Verteilung:

Im Fall von $\pi = 0.5$ wären beispielsweise die Realisationen 0 und 1 gleich wahrscheinlich:

$$f(0) = P(X = 0) = \pi^0 (1 - \pi)^{1-0} = 0.5^0 (1 - 0.5)^1 = 1 \cdot 0.5^1 = 0.5$$

$$f(1) = P(X = 1) = \pi^1 (1 - \pi)^{1-1} = 0.5^1 (1 - 0.5)^0 = 0.5^1 \cdot 1 = 0.5$$

Im Fall $\pi = 0.75$ wäre hingegen die Realisation 1 dreimal so wahrscheinlich wie die Realisation 0:

$$f(0) = P(X = 0) = \pi^0 (1 - \pi)^{1-0} = 0.75^0 (1 - 0.75)^1 = 1 \cdot 0.25^1 = 0.25$$

$$f(1) = P(X = 1) = \pi^1 (1 - \pi)^{1-1} = 0.75^1 (1 - 0.75)^0 = 0.75^1 \cdot 1 = 0.75$$

3.2.3.2 Stetige Zufallsvariablen

Für stetige Zufallsvariablen kann die Wahrscheinlichkeitsverteilung durch eine sogenannte **Wahrscheinlichkeitsdichtefunktion f(x)** angegeben werden. Mithilfe einer solchen Funktion können die Wahrscheinlichkeiten für beliebige Ereignisse der Form $a < X < b$ bestimmt werden, indem man per Integrationsrechnung die Fläche unter der Wahrscheinlichkeitsdichtefunktion zwischen den Punkten a und b bestimmt. Die Wahrscheinlichkeiten für weitere Ereignisse können dann wieder mithilfe des dritten Axioms bestimmt werden.

Nehmen wir an, eine stetige Zufallsvariable X hätte die in Abb. 3.2 dargestellte Wahrscheinlichkeitsdichtefunktion.

Falls wir nun die Wahrscheinlichkeit dafür angeben wollen, dass sich X in einem kleineren Wert als 0 realisiert, also $P(X<0)$, müssten wir die in Abb. 3.3 dargestellte Fläche berechnen.

Falls wir hingegen die Wahrscheinlichkeit dafür angeben wollen, dass die Realisation von X zwischen −2 und 2 liegt, also $P(-2<X<2)$, müssten wir die in Abb. 3.4 dargestellte Fläche berechnen.

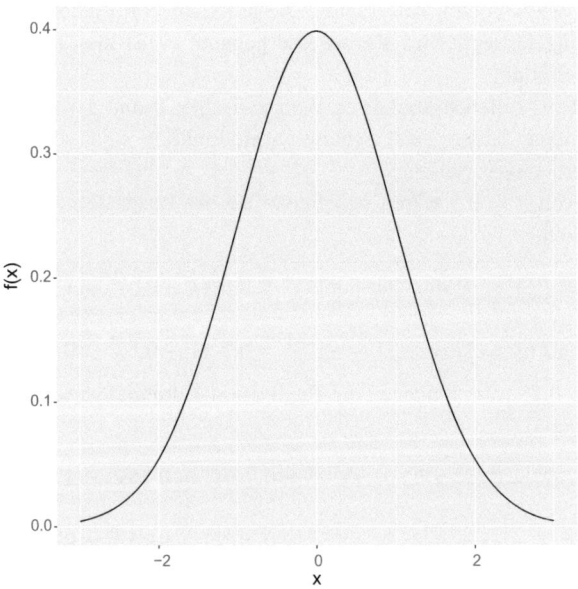

Abb. 3.2 Beispiel für eine Wahrscheinlichkeitsdichtefunktion

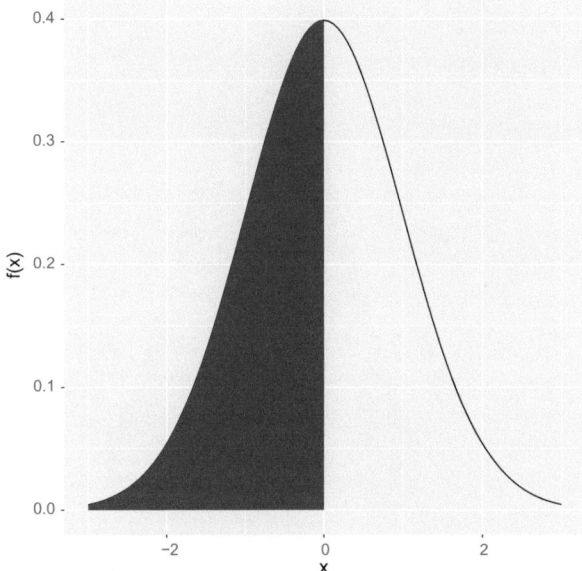

Abb. 3.3 Fläche unter der Wahrscheinlichkeitsdichtefunktion f(x), die der Wahrscheinlichkeit P(X<0) entspricht

Eine der wichtigsten Wahrscheinlichkeitsverteilungen für stetige Zufallsvariablen ist die **Normalverteilung**. Eine normalverteilte Zufallsvariable X kann sich in einer beliebigen reellen Zahl x realisieren und besitzt die folgende Wahrscheinlichkeitsdichtefunktion:

$$f(x) = \frac{1}{\sqrt{2\pi\sigma^2}} exp\left(-\frac{(x-\mu)^2}{2\sigma^2}\right)$$

Hierbei ist $\pi \approx 3.14$ die Zahl Pi und $exp(\cdot)$ die Exponentialfunktion.

Die Normalverteilung hat zwei Parameter: μ und σ^2. Je nachdem, welche Werte μ und σ^2 annehmen, ergibt sich eine andere konkrete Normalverteilung.

Der Parameter μ bestimmt, an welcher Stelle der x-Achse die Wahrscheinlichkeitsdichtefunktion ihr Maximum hat (siehe Abb. 3.5).

μ kann als Mittelwert der Realisationen der Zufallsvariable X interpretiert werden, wenn man das zugrunde liegende Zufallsexperiment unendlich oft durchführen würde und entspricht in diesem Sinne einer typischen Realisation von X.

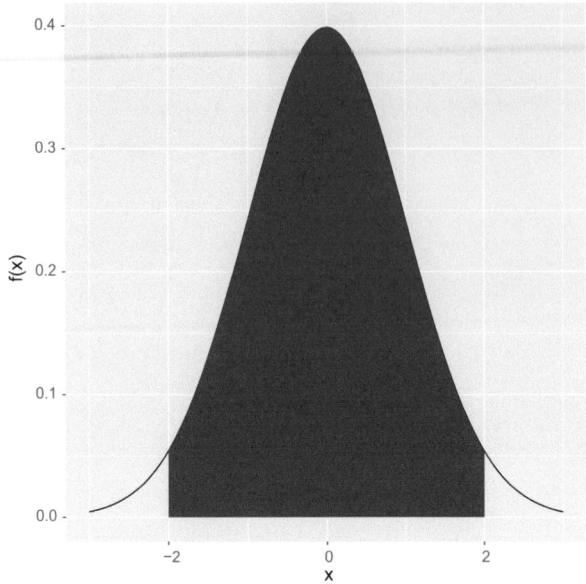

Abb. 3.4 Fläche unter der Wahrscheinlichkeitsdichtefunktion f(x), die der Wahrscheinlichkeit P(−2<X<2) entspricht

Der Parameter σ^2 bestimmt, wie „breit" die Wahrscheinlichkeitsdichtefunktion ist (siehe Abb. 3.6).

σ^2 kann als Varianz der Realisationen der Zufallsvariable X interpretiert werden, wenn man das zugrunde liegende Zufallsexperiment unendlich oft durchführen würde und bestimmt somit, wie unterschiedlich Realisationen von X ausfallen können.

3.3 Zufällige Stichprobenziehung

Anhand der Beispiele aus den letzten Unterkapiteln haben wir gesehen, wie die Ziehung einer einzelnen Person aus einer Population als Zufallsexperiment aufgefasst werden kann und wie wir die Messung uns interessierender Merkmale der gezogenen Person durch eine Zufallsvariable darstellen können.

Wie hängen diese Zufallsvariablen nun mit den uns interessierenden deskriptivstatistischen Maßzahlen in der Population zusammen?

3.3 Zufällige Stichprobenziehung

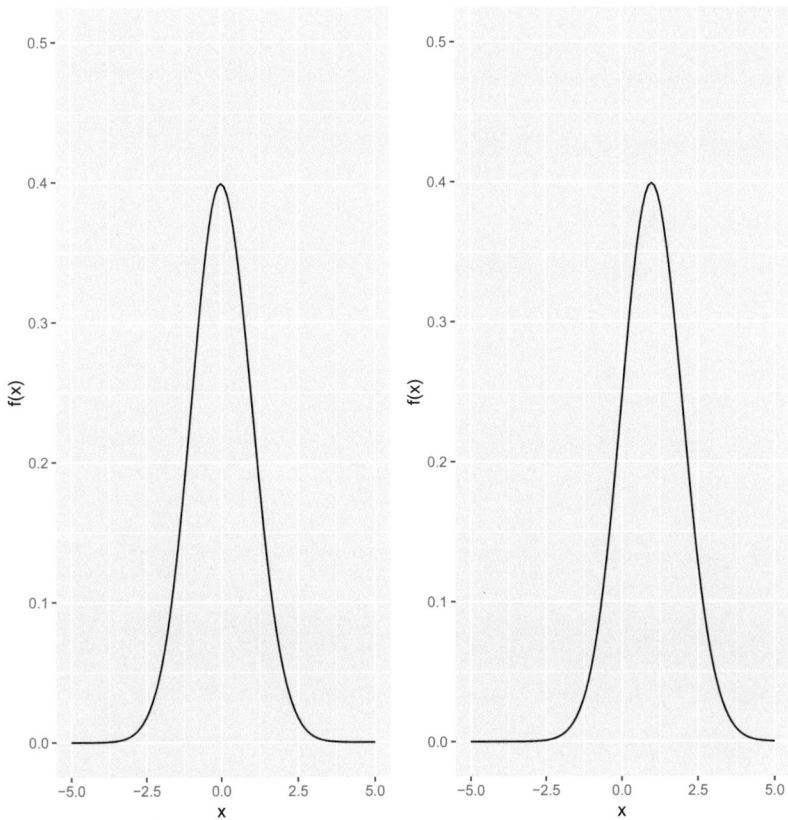

Abb. 3.5 Wahrscheinlichkeitsdichtefunktionen zweier Normalverteilungen mit jeweils $\sigma^2 = 1$ und $\mu = 0$ (links) und $\mu = 1$ (rechts)

Angenommen, wir interessieren uns für die relative Häufigkeit depressiver Störungen in einer sehr großen Population. Diese entspricht einem Wert h_{D_Pop}, den wir nicht kennen.

Aus dieser Population ziehen wir nun zufällig eine Person und bestimmen, ob sie an einer depressiven Störung leidet oder nicht. Dies beschreiben wir durch eine Zufallsvariable X, die den Wert 1 annimmt, falls die zufällig gezogene Person an einer depressiven Störung leidet, und den Wert 0, falls nicht. Da diese Zufallsvariable nur die Werte 0 oder 1 annehmen kann, wissen wir, dass sie einer Bernoulli-Verteilung mit Parameter π folgt.

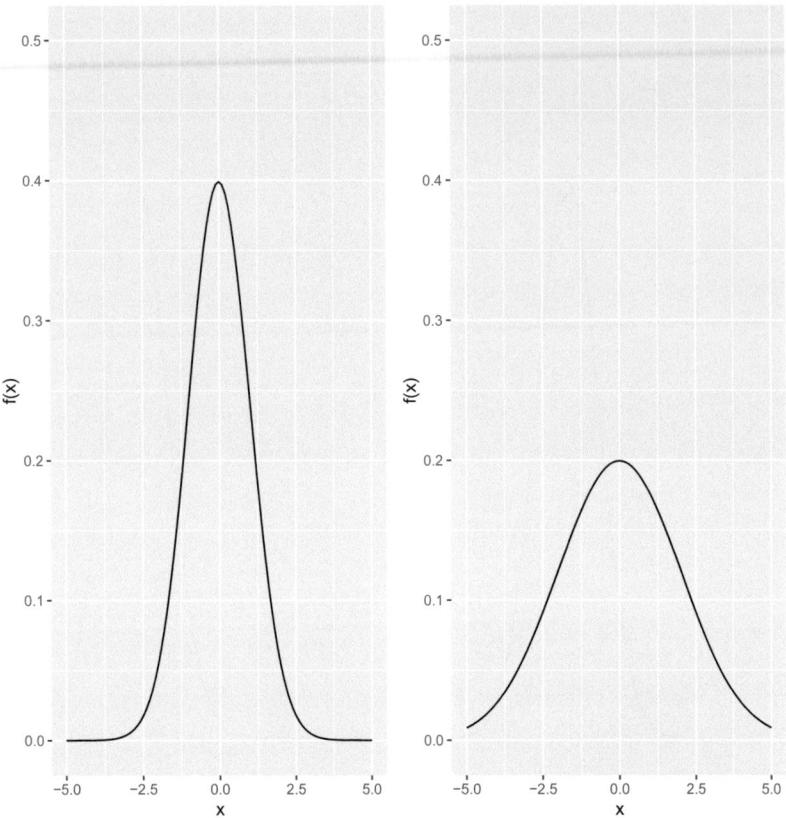

Abb. 3.6 Wahrscheinlichkeitsdichtefunktionen zweier Normalverteilungen mit jeweils $\mu = 0$ und $\sigma^2 = 1$ (links) und $\sigma^2 = 2$ (rechts)

Falls alle Personen aus der Population die gleiche Wahrscheinlichkeit haben, gezogen zu werden, entspricht die Wahrscheinlichkeit $P(X=1)$, dass wir eine Person ziehen, die eine depressive Störung aufweist, genau der relativen Häufigkeit h_{D_Pop} der Depression in der Population. Diese Wahrscheinlichkeit entspricht wiederum genau dem Parameter π der Bernoulli-Verteilung von X:

$$h_{D\_Pop} = P(X = 1) = \pi$$

Nach dem gleichen Prinzip können wir auch n Personen unabhängig voneinander aus der Population ziehen. Unabhängig bedeutet, dass die Ziehung einer Person

3.3 Zufällige Stichprobenziehung

keinen Einfluss darauf hat, welche weiteren Personen in die Stichprobe gezogen werden. Falls wir n Mal unabhängig und mit Zurücklegen ziehen und jede Person aus der Population bei jeder Ziehung die gleiche Wahrscheinlichkeit hat, gezogen zu werden, haben wir eine **einfache Zufallsstichprobe** der Größe n gezogen. Für jede der n Personen könnten wir dann eine Zufallsvariable X_i (i = 1, 2, ..., n) definieren, die jeweils den Wert 1 annimmt, falls die zufällig gezogene Person i an einer depressiven Störung leidet, und den Wert 0, falls nicht. Für eine Stichprobe der Größe n = 100 sähe dies etwa wie folgt aus:

- X_1 würde den Wert 1 annehmen, falls die *erste* zufällig gezogene Person in der Stichprobe an einer depressiven Störung leidet, und den Wert 0, falls nicht.
- X_2 würde den Wert 1 annehmen, falls die *zweite* zufällig gezogene Person in der Stichprobe an einer depressiven Störung leidet, und den Wert 0, falls nicht.
- usw.
- X_{100} würde den Wert 1 annehmen, falls die *hundertste* zufällig gezogene Person in der Stichprobe an einer depressiven Störung leidet, und den Wert 0, falls nicht.

Die so definierten n Zufallsvariablen X_1, X_2, ..., X_n sind unabhängig voneinander und folgen alle einer Bernoulli-Verteilung mit dem gleichen Parameter π, d. h. es gilt wie bei der einzelnen Ziehung für alle Zufallsvariablen X_i:

$$h_{D\_Pop} = P(X_i = 1) = \pi$$

Das heißt: Aussagen über den Parameter π der Zufallsvariablen sind gleichzeitig auch Aussagen über h_{D_Pop}! Falls wir z. B. wüssten, dass der Parameter π gleich 0.4 ist, wüssten wir gleichzeitig, dass die relative Häufigkeit h_{D_pop} der Depression in der Population 0.4 ist. Wenn wir von unserer Stichprobe von Personen auf h_{D_Pop} schließen wollen, reicht es also, wenn wir zu Aussagen über den Parameter π der Verteilung der Zufallsvariablen X_1, X_2, ..., X_n gelangen. Damit können wir die komplette Inferenzstatistik in die Wahrscheinlichkeitstheorie verlagern, d. h. in den Kontext von Zufallsvariablen und Parametern. Dies wird sich als sehr großer Vorteil herausstellen, da es uns ermöglicht, alle inferenzstatistischen Verfahren direkt aus der Wahrscheinlichkeitstheorie abzuleiten.

Wir betrachten noch ein zweites Beispiel: Diesmal interessieren wir uns für den Mittelwert der stetigen Variable Intelligenz in der Population der deutschen Psychologiestudenten. Diese entspricht einem Wert $\bar{x}_{IQ\_Pop}$, den wir nicht kennen. Wir ziehen wieder eine einfache Zufallsstichprobe der Größe n. Für jede dieser n Personen definieren wir eine Zufallsvariable X_i (i = 1, 2, ..., n), deren Wert jeweils der IQ der i-ten gezogenen Person ist. Für eine Stichprobe der Größe n = 100 sähe dies etwa wie folgt aus:

- X_1 würde z. B. den Wert 105 annehmen, falls die *erste* zufällig gezogene Person in der Stichprobe einen IQ von 105 aufweist.
- X_2 würde z. B. den Wert 99 annehmen, falls die *zweite* zufällig gezogene Person in der Stichprobe einen IQ von 99 aufweist.
- usw.
- X_{100} würde z. B. den Wert 115 annehmen, falls die *hundertste* zufällig gezogene Person in der Stichprobe einen IQ von 115 aufweist.

Die so definierten n Zufallsvariablen $X_1, X_2, \ldots, X_n$ sind unabhängig voneinander. Unter der zusätzlichen Annahme, dass das Histogramm der IQ-Werte in der Population durch die Wahrscheinlichkeitsdichtefunktion einer Normalverteilung approximiert werden kann, kann man ferner zeigen, dass alle X_i einer Normalverteilung mit gleichen Parametern μ und σ^2 folgen und dass

$$\bar{x}_{IQ\_Pop} = \mu$$

gilt.

Das heißt: Aussagen über den Parameter μ der Zufallsvariablen sind gleichzeitig auch Aussagen über $\bar{x}_{IQ\_Pop}$! Falls wir z. B. wüssten, dass der Parameter μ gleich 110 ist, wüssten wir gleichzeitig, dass die mittlere Intelligenz $\bar{x}_{IQ\_Pop}$ in der Population 110 ist. Auch hier können wir uns also auf Aussagen über den Parameter einer Wahrscheinlichkeitsverteilung beschränken.

Die Normalverteilungsannahme für das Histogramm der IQ-Werte in der Population wirkt auf den ersten Blick etwas aus der Luft gegriffen. Woher sollen wir wissen, wie dieses Histogramm aussieht? Aber: Man kann zeigen, dass die Verletzung dieser Annahme (vor allem in Stichproben ausreichender Größe) nur einen geringen Einfluss auf die aus ihr abgeleiteten inferenzstatistischen Verfahren hat.

Allgemein können wir die inferenzstatistische Logik wie folgt zusammenfassen:

- wir ziehen eine einfache Zufallsstichprobe von n Personen aus der Population.
- wir fassen die Ausprägungen der n Personen auf der uns interessierenden Variable als Zufallsvariablen $X_1, X_2, \ldots, X_n$ auf.
- wir identifizieren einen Parameter der Verteilung dieser Zufallsvariablen mit der uns interessierenden Maßzahl in der Population.
- wir verwenden aus der Wahrscheinlichkeitstheorie abgeleitete Verfahren (siehe folgende Kapitel), um zu Aussagen über diesen Parameter zu gelangen.
- Diese Aussagen sind gleichzeitig Aussagen über die uns interessierende Maßzahl.

Im Folgenden werden wir stets einfache Zufallsstichproben voraussetzen und daher die Begriffe *Parameter* und *deskriptivstatistische Maßzahl in der Population* synonym verwenden.

3.4 Inferenzstatistische Verfahren

Inferenzstatische Verfahren können hinsichtlich der Art der Fragestellung, die mit ihrer Hilfe beantwortet werden kann, klassifiziert werden:

- **Parameterschätzung:** Welchen konkreten Wert hat ein Parameter?
- **Statistische Hypothesentests:** Liegt ein Parameter in einem bestimmten vorgegebenen Bereich oder nicht?

Das Ergebnis der Parameterschätzung ist somit eine konkrete Zahl oder ein konkretes Intervall von Zahlen. Beispiel: Wir interessieren uns für die relative Häufigkeit von depressiven Erkrankungen in Deutschland und schätzen auf der Basis unserer Daten, dass diese zwischen 0.1 und 0.2 liegt.

Das Ergebnis eines statistischen Hypothesentests ist eine Ja/Nein – Entscheidung bezüglich einer vorher aufgestellten Hypothese. Beispiel: Wir vermuten, dass die relative Häufigkeit von depressiven Erkrankungen in Deutschland größer als 0.1 ist. Auf der Basis unserer Daten entscheiden wir uns dafür, dass dies zutrifft.

3.5 Parameterschätzung

Methoden der Parameterschätzung werden eingesetzt, wenn wir uns für den konkreten Wert eines Parameters interessieren. Innerhalb der Parameterschätzung kann je nach Art des Ergebnisses der Schätzung zwischen den folgenden Methoden unterschieden werden:

- **Punktschätzung:** Hier ist das Ergebnis der Schätzung eine *einzelne Zahl*.
- **Intervallschätzung:** Hier ist das Ergebnis der Schätzung ein *Intervall von Zahlen*.

Falls wir uns zum Beispiel für die durchschnittliche Intelligenz von Psychologiestudenten in Deutschland interessieren, wäre das Ergebnis einer Punktschätzung ein konkreter IQ-Wert, z. B. 110.9. Das Ergebnis einer Intervallschätzung wäre hingegen ein Intervall von IQ-Werten, z. B. [105.7, 116.1].

Da beide Verfahren auf unseren Stichprobendaten basieren, unterlaufen uns bei der Parameterschätzung Fehler. Anhand dieser Fehler lassen sich Gütekriterien formulieren. Mit deren Hilfe können wir für ein gegebenes Schätzverfahren beurteilen, ob es sich um ein gutes oder schlechtes Verfahren handelt.

3.5.1 Gütekriterien für Verfahren der Punktschätzung

Im Rahmen der Punktschätzung müssen wir davon ausgehen, dass der aus unserer Stichprobe berechnete Schätzwert nie genau dem wahren Parameterwert in der Population entspricht. Ob ein Schätzwert gut oder schlecht ist, hängt vielmehr davon ab, wie weit er von dem wahren Parameterwert entfernt ist.

Falls der wahre durchschnittliche IQ in der Population z. B. bei 110 liegen würde, wäre der Schätzwert 110.9 sehr gut, da er nur sehr knapp daneben liegt. Falls der wahre durchschnittliche IQ in der Population hingegen 90 wäre, müsste unser Schätzwert 110.9 als sehr schlecht beurteilt werden, da er sehr weit vom wahren Wert entfernt ist.

Leider können wir den Abstand zwischen unserem konkreten Schätzwert und dem wahren Parameterwert nie bestimmen. Hierfür müssten wir ja den wahren Parameterwert schon kennen. Wir können jedoch im Rahmen der Wahrscheinlichkeitstheorie untersuchen, wie sich ein durch eine bestimmte Berechnungsformel definiertes Punktschätzverfahren verhalten würde, wenn wir sehr oft Stichproben der gleichen Größe ziehen würden und jedes Mal den Schätzwert nach der vorgegebenen Formel berechnen würden. Beispielsweise können wir untersuchen, wie sich das Schätzverfahren „Verwende als Schätzwert für den Mittelwert des IQs in der Population den Mittelwert des IQs in der Stichprobe" verhalten würde, wenn wir sehr viele Stichproben gleicher Größe ziehen würden und in jeder dieser Stichproben dieses Schätzverfahren anwenden würden, d. h. den mittleren IQ berechnen würden.

Jede dieser (hypothetischen) Stichproben würde aufgrund der Zufallsziehung aus anderen Personen bestehen und es würde sich vermutlich jedes Mal ein anderer mittlerer IQ und somit ein anderer Schätzwert ergeben. Keiner dieser Schätzwerte würde genau dem wahren mittleren IQ in der Population entsprechen. Wir könnten an unser Verfahren jedoch den Anspruch stellen, dass es den wahren Parameterwert auf lange Sicht zumindest im Mittel treffen sollte. Dieses Gütekriterium wird **Erwartungstreue** genannt und ist in Abb. 3.7 grafisch dargestellt.

3.5 Parameterschätzung

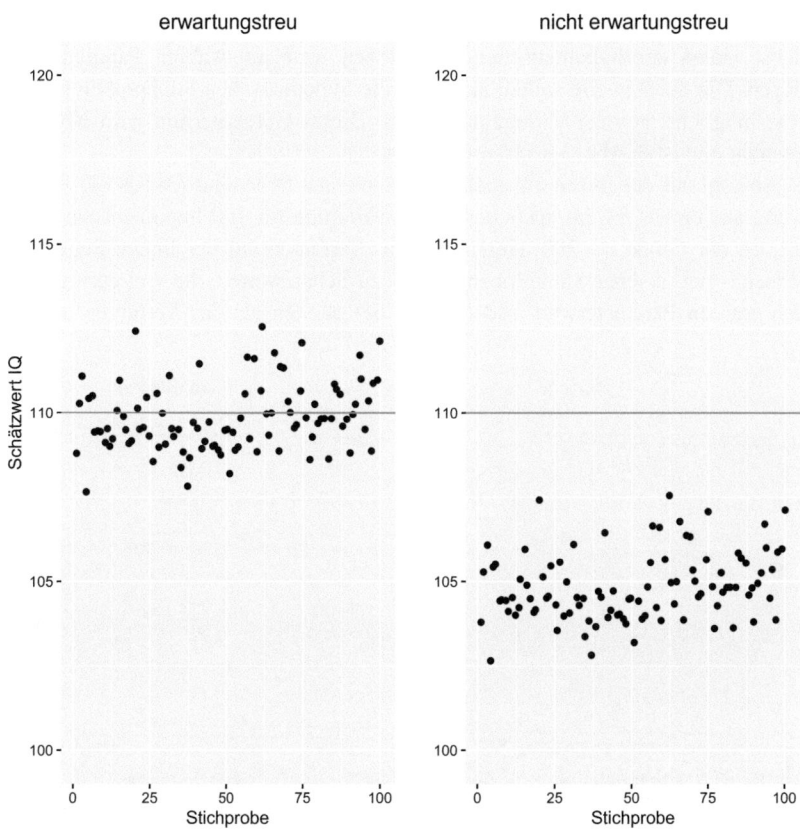

Abb. 3.7 Veranschaulichung Erwartungstreue

Auf der linken Seite sind die Schätzwerte aus einem erwartungstreuen Punktschätzverfahren für 100 verschiedene hypothetische Stichproben jeweils mit Größe $n = 200$ dargestellt: Hier würden wir den wahren Parameterwert 110 (rote Linie) über die Stichproben hinweg im Durchschnitt treffen. Auf der rechten Seite sind die Schätzwerte aus einem nicht erwartungstreuen Punktschätzverfahren für 100 verschiedene hypothetische Stichproben jeweils mit Größe $n = 200$ dargestellt: Im Durchschnitt wird über die Stichproben hinweg der wahre Parameterwert systematisch unterschätzt.

Zudem sollte ein Punktschätzverfahren zu Schätzwerten führen, die in möglichst vielen der hypothetischen Stichproben nahe am wahren Parameterwert liegen. Die Schätzwerte sollten also über die hypothetischen Stichproben hinweg eine möglichst geringe Varianz aufweisen. Dieses Gütekriterium wird **Effizienz** genannt und ist in Abb. 3.8 veranschaulicht.

Sowohl auf der linken als auch auf der rechten Seite sind jeweils die Schätzwerte aus einem erwartungstreuen Schätzverfahren für 100 hypothetische Stichproben der Größe n = 200 dargestellt. Das Verfahren auf der linken Seite führt jedoch – bei gleicher Stichprobengröße – zu Schätzwerten, die viel geringer um den wahren Parameterwert 110 (rote Linie) streuen als das Verfahren auf der

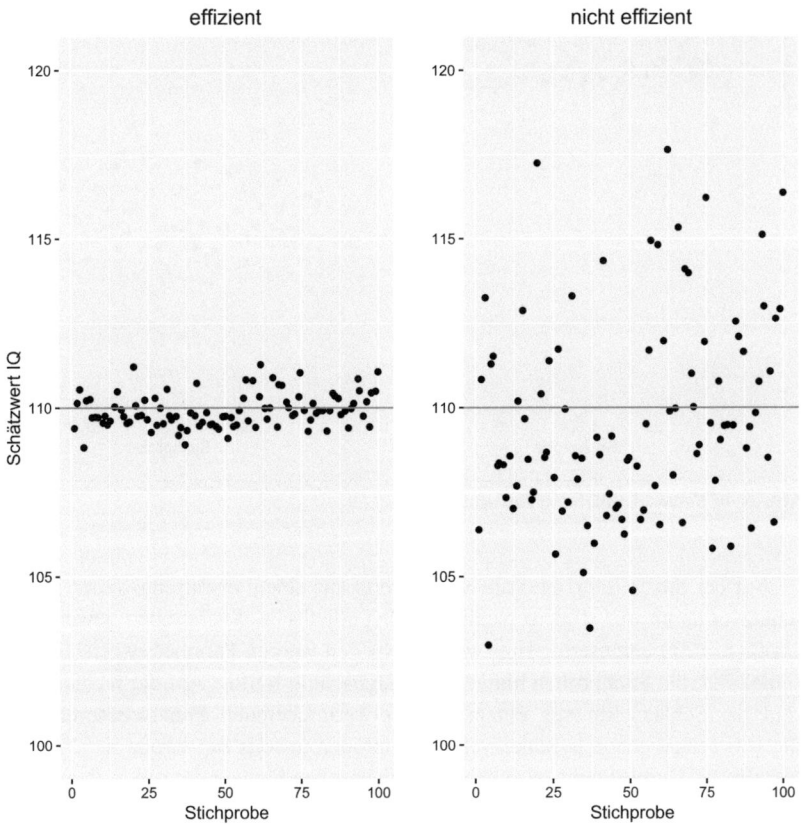

Abb. 3.8 Veranschaulichung Effizienz

3.5 Parameterschätzung

rechten Seite. Die Schätzwerte aus dem linken Verfahren liegen also im Durchschnitt näher am wahren Wert des Parameters als die Schätzwerte aus dem rechten Verfahren.

Ein weiteres wichtiges Gütekriterium ist die sogenannte **Konsistenz**. Ein Punktschätzverfahren ist konsistent, wenn die aus ihm resultierenden Schätzwerte mit steigender Stichprobengröße im Durchschnitt immer näher an dem wahren Parameterwert liegen. Für konsistente Punktschätzverfahren gilt also: Je größer die Stichprobe, desto genauer die Schätzung.

Ob ein bestimmtes Punktschätzverfahren erwartungstreu, effizient und konsistent ist oder nicht, kann im Rahmen der Wahrscheinlichkeitstheorie mathematisch bewiesen werden. Dies ist möglich, da wir die Schätzwerte als Realisationen von Zufallsvariablen auffassen können, die jeder möglichen Stichprobe eben diesen Schätzwert zuordnen. Diese Zufallsvariablen werden **Schätzfunktion** genannt. Da sie wahrscheinlichkeitstheoretische Größen sind, können ihre Eigenschaften im Rahmen der Wahrscheinlichkeitstheorie untersucht werden.

Wichtig: Es ist nicht möglich, zu beurteilen, ob ein konkreter von uns berechneter Schätzwert gut oder schlecht ist. Wir können lediglich sagen, ob das von uns verwendete Schätzverfahren auf lange Sicht gute oder schlechte Schätzwerte liefert.

3.5.2 Gütekriterien für Verfahren der Intervallschätzung

Im Rahmen der Intervallschätzung können wir von einem Fehler sprechen, wenn der wahre Parameterwert nicht in dem von uns berechneten konkreten Intervall enthalten ist.

Falls der wahre durchschnittliche IQ in der Population z. B. bei 110 liegen würde und wir aus unserer Stichprobe das Intervall [105.7, 116.1] berechnet hätten, wäre uns kein Fehler unterlaufen, da unser Intervall den wahren Wert enthält. Falls der wahre durchschnittliche IQ in der Population hingegen 90 wäre, hätten wir einen Fehler gemacht, da unser Intervall [105.7, 116.1] den wahren Wert 90 nicht enthält.

Leider können wir auch hier für eine konkretes Intervall nie sagen, ob dieses den wahren Parameterwert enthält, oder nicht. Aber: Wir können wieder mithilfe der Wahrscheinlichkeitstheorie untersuchen, wie sich ein durch eine bestimmte Berechnungsformel definiertes Intervallschätzverfahren verhalten würde, wenn wir sehr oft eine Stichprobe der gleichen Größe ziehen würden, und das Intervall jedes Mal nach der vorgegebenen Formel berechnen würden.

Wünschenswert wäre hierbei zunächst, dass das Intervall in sehr vielen dieser hypothetischen Stichproben – das heißt, mit einer hohen Wahrscheinlichkeit – den wahren Wert enthält. Diese Wahrscheinlichkeit wird **Konfidenzniveau** genannt. Intervalle, die so konstruiert sind, dass sie ein hohes Konfidenzniveau aufweisen, werden dementsprechend **Konfidenzintervalle** genannt. In Abb. 3.9 ist dies grafisch dargestellt.

Auf der linken Seite ist ein Intervallschätzverfahren mit hohen Konfidenzniveau (95 %) für 100 hypothetische Stichproben jeweils mit Größe n = 200 dargestellt: Hier ist der wahre Parameterwert 110 (rote Linie) in fast allen Stichproben in dem von uns berechneten Intervall enthalten. Auf der rechten Seite sind die Intervalle aus einem Intervallschätzverfahren mit niedrigem

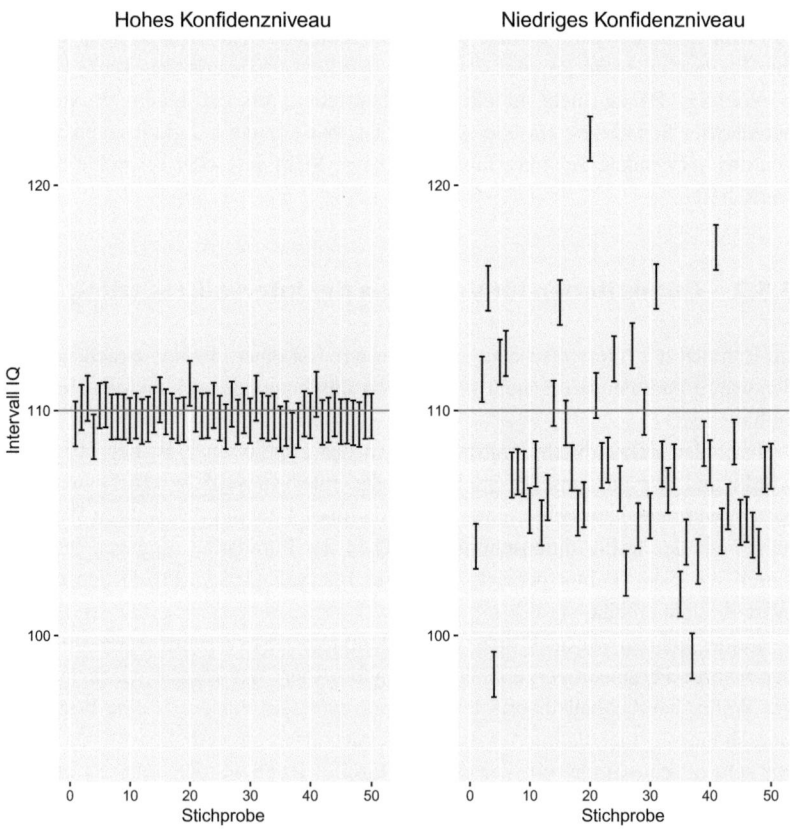

Abb. 3.9 Veranschaulichung Konfidenzniveau

3.5 Parameterschätzung

Konfidenzniveau (5 %) für 100 hypothetische Stichproben jeweils mit Größe n = 200 dargestellt: In nahezu allen Stichproben verfehlt das von uns berechnete Intervall den wahren Parameterwert 110.

Ein hohes Konfidenzniveau allein ist jedoch nicht ausreichend. Wir könnten nämlich ohne Mühe eine „Berechnungsformel" für ein Intervall angeben, das ein Konfidenzniveau von 100 % aufweisen würde: $[-\infty, +\infty]$. Dieses Intervall würde den wahren Wert immer enthalten, die dadurch über die Population gewonnene Information wäre jedoch denkbar gering.

Neben einem hohem Konfidenzniveau sollte ein Intervallschätzverfahren daher auch zu Intervallen führen, die – im Vergleich zu den Intervallen aus anderen Verfahren – eine möglichst **geringe durchschnittliche Länge** aufweisen. Dies ist in Abb. 3.10 veranschaulicht.

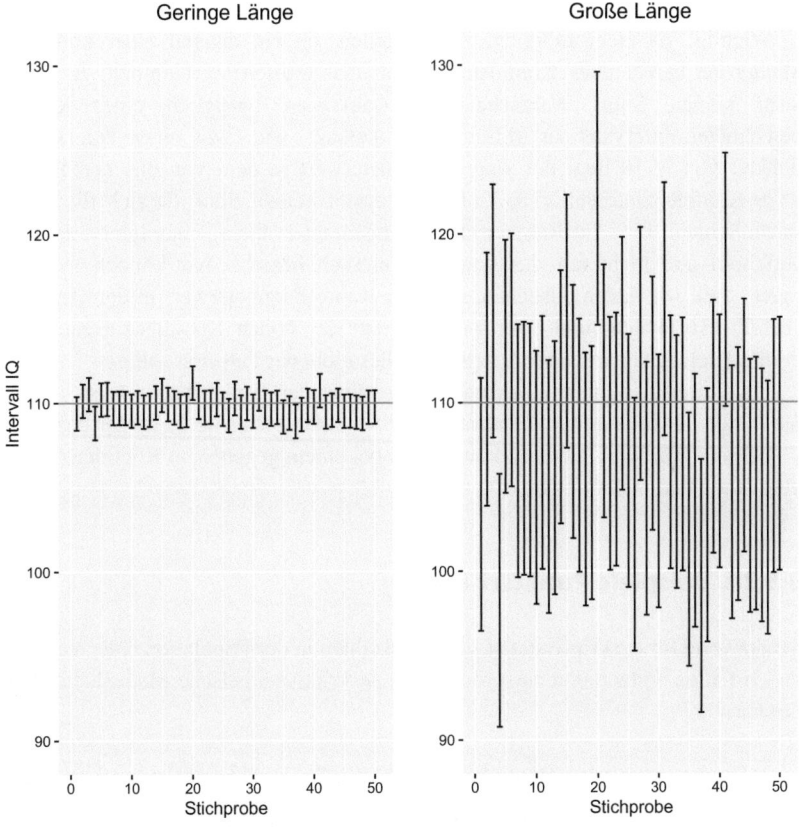

Abb. 3.10 Veranschaulichung Länge der Konfidenzintervalle

Sowohl auf der linken als auch auf der rechten Seite sind jeweils Intervalle aus einem Intervallschätzverfahren mit einem Konfidenzniveau von 95 % für 100 hypothetische Stichproben der Größe $n = 200$ dargestellt. Das Verfahren auf der linken Seite führt jedoch zu Intervallen mit deutlich geringerer Länge als das Verfahren auf der rechten Seite. Wir können also mithilfe des Verfahrens auf der linken Seite – bei gleicher Stichprobengröße und identischem Konfidenzniveau – präzisere Aussagen über den Parameter treffen.

Ob ein bestimmtes Intervallschätzverfahren ein hohes Konfidenzniveau und eine geringe durchschnittliche Länge aufweist oder nicht, kann im Rahmen der Wahrscheinlichkeitstheorie mathematisch bewiesen werden. Dies ist möglich, da wir die Grenzen des Intervalls als Realisationen von Zufallsvariablen auffassen können, die jeder möglichen Stichprobe eben diese Grenzen zuordnen. Da Zufallsvariablen wahrscheinlichkeitstheoretische Größen sind, können ihre Eigenschaften im Rahmen der Wahrscheinlichkeitstheorie untersucht werden.

Wichtig: Es nicht möglich, zu beurteilen, ob ein anhand einer konkreten Stichprobe berechnetes Konfidenzintervall den wahren Wert enthält. Es ergibt auch keinen Sinn, Wahrscheinlichkeitsaussagen bezüglich eines konkret berechneten Intervalls zu treffen. Eine Aussage wie „Mit einer Wahrscheinlichkeit von 95 % liegt der wahre Parameterwert in dem von uns berechneten 95 %-Konfidenzintervall [105.7, 116.1]" ergibt keinen Sinn, da sich die Wahrscheinlichkeit 95 % im Rahmen der Konfidenzintervalle auf das Intervallschätzverfahren und nicht auf das konkrete Intervall bezieht. Wir können lediglich sagen, dass wir davon ausgehen, dass der wahre Parameterwert in dem Intervall [105.7, 116.1] liegt und dass wir aufgrund des hohen Konfidenzniveaus sehr großes Pech gehabt haben müssten, falls dies nicht der Fall sein sollte.

Ein Vorteil der Intervallschätzung gegenüber der Punktschätzung ist, dass in die Länge der Intervalle die Präzision der Schätzung eingeht: Je kürzer das Intervall, desto präzisere Aussagen können wir bei einem gegebenem Konfidenzniveau über einen Parameter treffen.

3.5.3 Beispiele Punktschätzung

Schätzwerte für deskriptivstatistische Maßzahlen in der Population entsprechen in vielen Fällen einfach den entsprechenden deskriptivstatistische Maßzahlen in der Stichprobe:

- Falls wir die relative Häufigkeit einer Ausprägung einer diskreten Variable in einer Population schätzen wollen, können wir als Schätzwert die entsprechende relative Häufigkeit in unserer Stichprobe als Schätzwert verwenden.

3.5 Parameterschätzung

- Falls wir den Mittelwert einer stetigen Variable in der Population schätzen wollen, können wir als Schätzwert den Mittelwert in der Stichprobe verwenden.

Für beide Fälle können im Fall von einfachen Zufallsstichproben Erwartungstreue, Effizienz und Konsistenz bewiesen werden.

Beispiel 1: Wir interessieren uns für die relative Häufigkeit h_{D_Pop} der Depression in Deutschland. Wir nehmen an, wir hätten hierfür eine einfache Zufallsstichprobe der Größe n = 100 erhoben und festgestellt, dass 10 dieser 100 Personen an einer depressiven Störung leiden.

Als Punktschätzwert für die relative Häufigkeit der Depression h_{D_Pop} in der Population (bzw. den Parameter π) kann in diesem Fall einfach die relative Häufigkeit der Depression h_D in der Stichprobe verwendet werden:

$$h_D = \frac{H_D}{n} = \frac{10}{100} = \frac{1}{10}$$

Beispiel 2: Wir interessieren uns für den mittleren IQ $\bar{x}_{IQ\_Pop}$ von Psychologiestudenten in Deutschland. Wir nehmen an, wir hätten hierfür eine einfache Zufallsstichprobe der Größe n = 100 erhoben und festgestellt, dass der mittlere IQ in dieser Stichprobe $\bar{x}_{IQ} = 110$ ist.

Als Punktschätzwert für die mittlere Intelligenz $\bar{x}_{IQ\_Pop}$ in der Population (bzw. den Parameter μ) kann in diesem Fall einfach dieser Stichprobenmittelwert $\bar{x}_{IQ} = 110$ verwendet werden.

3.5.4 Beispiel Intervallschätzung

Wir interessieren uns für den mittleren IQ $\bar{x}_{IQ\_Pop}$ der Psychologiestudierenden in Deutschland und wollen für diesen ein 95 %-Konfidenzintervall berechnen. Wir nehmen an, wir hätten hierfür eine einfache Zufallsstichprobe der Größe n = 500 erhoben und festgestellt, dass der mittlere IQ in dieser Stichprobe $\bar{x}_{IQ} = 110$ ist und die Varianz des IQ $s^2_{IQ} = 250$.

Ein 95 %-Konfidenzintervall mit minimaler durchschnittlicher Länge für $\bar{x}_{IQ\_Pop}$ (bzw. den Parameter μ) kann in diesem Fall anhand der folgenden Formel berechnet werden:

$$\left[\bar{x}_{IQ} - 1.96 \cdot \sqrt{\frac{s^2_{IQ}}{n}},\ \bar{x}_{IQ} + 1.96 \cdot \sqrt{\frac{s^2_{IQ}}{n}}\right]$$

Die Herleitung dieser Formel ist mathematisch relativ aufwendig, weswegen wir sie im Rahmen dieses Buches einfach als gegeben hinnehmen müssen. Wir werden jedoch die in ihr vorkommenden Größen noch etwas genauer diskutieren.
Der Punktschätzwert $\bar{x}_{IQ}$ – der mittlere IQ in der Stichprobe – bildet die Mitte des Intervalls. In unserem Fall ist $\bar{x}_{IQ} = 110$.
Die Länge des Intervalls wird durch den Term

$$1.96 \cdot \sqrt{\frac{s_{IQ}^2}{n}}$$

bestimmt, der von $\bar{x}_{IQ}$ abgezogen wird, um die Untergrenze des Konfidenzintervalls zu erhalten, und zu $\bar{x}_{IQ}$ addiert wird, um die Obergrenze zu erhalten.

Die Zahl 1.96 ergibt sich hierbei aus der Vorgabe des Konfidenzniveaus von 95 % und der Normalverteilungsannahme für die einzelnen Zufallsvariablen X_1, X_2, ..., X_n. Für andere Konfidenzniveaus ergäbe sich hier eine andere Zahl.

s_{IQ}^2 ist die Varianz des IQs in der Stichprobe. In unserem Fall ist $s_{IQ}^2 = 250$. Streng genommen wird die im Konfidenzintervall vorkommende Varianz etwas anders berechnet, als die Varianz, die wir aus der Deskriptivstatistik in Kapitel kennen. Der Unterschied ist jedoch so gering, dass wir an dieser Stelle nicht näher darauf eingehen werden.

n ist die Stichprobengröße. Wir sehen also: Je größer die Stichprobengröße, desto kleiner wird der Bruch

$$\sqrt{\frac{s_{IQ}^2}{n}}$$

und desto kleiner wird das Intervall und desto genauere Aussagen können wir treffen. In unserem Fall ist n = 500.

Insgesamt ergibt sich damit:

$$\left[\bar{x}_{IQ} - 1.96 \cdot \sqrt{\frac{s_{IQ}^2}{n}}, \bar{x}_{IQ} + 1.96 \cdot \sqrt{\frac{s_{IQ}^2}{n}}\right] = \left[110 - 1.96 \cdot \sqrt{\frac{250}{500}}, 110 + 1.96 \cdot \sqrt{\frac{250}{500}}\right] = [108.61, 111.39]$$

Wir können also auf der Basis unserer Stichprobendaten davon ausgehen, dass der mittlere IQ in der Population der deutschen Psychologiestudenten zwischen 108.61 und 111.39 liegt.

Die Formeln der Konfidenzintervallen für andere Parameter (z. B. π) haben oft eine ähnliche Form: Die Mitte des Intervalls ist in vielen Fällen der entsprechende Punktschätzwert. Die Länge des Intervalls hängt in den meist von Größen ab, die jeweils

- aus dem vorgegebenen Konfidenzniveau berechnet werden können
- ein Streuungsmaß der interessierenden Variable darstellen
- mit der Stichprobengröße n zusammenhängen

Beinahe immer führt eine größere Stichprobe zu einer geringeren Intervalllänge.

3.6 Hypothesentests

Statistische Hypothesentests (kurz: Tests) werden eingesetzt, wenn wir entscheiden wollen, ob eine Aussage darüber, dass ein Parameter in einem bestimmten Bereich liegt oder einen bestimmten Wert hat, wahr oder falsch ist.

Zum Beispiel könnte uns interessieren, ob die Aussage „Die relative Häufigkeit von depressiven Störungen in Deutschland ist größer als 0.1" wahr oder falsch ist.

Die Aussage, für die wir uns interessieren, nennen wir **Alternativhypothese** **H$_1$**. Das logische Gegenteil der Alternativhypothese nennen wir **Nullhypothese** **H$_0$**.

In unserem Beispiel wäre also die Alternativhypothese „Die relative Häufigkeit von depressiven Störungen in Deutschland ist größer als 0.1". Die Nullhypothese wäre: „Die relative Häufigkeit von depressiven Störungen in Deutschland ist kleiner oder gleich 0.1".

Auf Parameterebene wären die Hypothesen im Fall einer einfachen Zufallsstichprobe jeweils:

$$H_0 : \pi \leq 0.1$$
$$H_1 : \pi > 0.1$$

Jeder statistische Hypothesentest ist durch eine Entscheidungsregel definiert, die angibt, wie wir uns auf der Basis der Stichprobendaten für eine der beiden Hypothesen entscheiden. In unserem Beispiel könnte eine solche Entscheidungsregel etwa wie folgt lauten: Falls die relative Häufigkeit von depressiven Störungen in unserer Stichprobe größer als 0.1 ist, entscheiden wir uns für die Alternativhypothese. Falls nicht, entscheiden wir uns für die Nullhypothese. Bevor wir zur konkreten Bestimmung solcher Entscheidungsregeln kommen, werden wir wie bei der Parameterschätzung betrachten, welche Fehler uns im Rahmen statistischer Hypothesentests unterlaufen können.

3.6.1 Gütekriterien für Hypothesentests

Da statistische Hypothesentests lediglich auf Stichprobendaten basieren, ist es immer möglich, dass wir uns für die falsche Hypothese entscheiden. In Abhängigkeit davon, welche Hypothese tatsächlich wahr ist, kann man zwei Arten von Fehlentscheidungen unterscheiden:

- **Fehler erster Art:** Die Nullhypothese ist wahr, wir entscheiden uns jedoch auf Basis der Stichprobendaten für die Alternativhypothese.
- **Fehler zweiter Art:** Die Alternativhypothese ist wahr, wir entscheiden uns jedoch auf Basis der Stichprobendaten für die Nullhypothese.

Wir erinnern uns an das Beispiel aus dem letzten Unterkapitel. Dort hatten wir die folgenden Hypothesen aufgestellt:

Alternativhypothese: „Die relative Häufigkeit von depressiven Störungen in Deutschland ist größer als 0.1".

Nullhypothese: „Die relative Häufigkeit von depressiven Störungen in Deutschland ist kleiner oder gleich 0.1".

Falls nun die tatsächliche relative Häufigkeit von depressiven Störungen in Deutschland dem Wert 0.05 entsprechen würde, wäre die Nullhypothese wahr. Wenn wir uns in diesem Fall auf der Basis unserer Stichprobendaten und unseres Hypothesentests fälschlicherweise für die Alternativhypothese entscheiden würden, wäre uns ein Fehler erster Art unterlaufen. Falls die tatsächliche relative Häufigkeit von depressiven Störungen in Deutschland hingegen dem Wert 0.3 entsprechen würde, wäre die Alternativhypothese wahr. In diesem Fall könnten wir uns auf der Basis unserer Stichprobendaten und unseres Hypothesentests fälschlicherweise für die Nullhypothese entscheiden. Uns wäre dann einen Fehler zweiter Art unterlaufen.

Da die Stichprobenziehung zufällig geschieht und die Entscheidung für eine der beiden Hypothesen von den Stichprobendaten abhängt, können wir für eine gegebene Entscheidungsregel die Wahrscheinlichkeiten für diese beiden Fehler bestimmen:

- Die Wahrscheinlichkeit α für einen Fehler erster Art, falls die Nullhypothese gilt.
- Die Wahrscheinlichkeit β für einen Fehler zweiter Art, falls die Alternativhypothese gilt.

Hierbei wird α auch **Signifikanzniveau** des Tests genannt. Statt der Wahrscheinlichkeit β für den Fehler zweiter Art betrachtet man oft auch die Wahrscheinlichkeit, *keinen* Fehler zweiter Art zu machen, also $1 - \beta$. Diese Wahrscheinlichkeit wird **Power** oder **Teststärke** des Tests genannt.
Anhand dieser beider Wahrscheinlichkeiten können Gütekriterien für statistische Hypothesentests formuliert werden: Ein statistischer Hypothesentest sollte

- ein **geringes Signifikanzniveau** α aufweisen
- eine **hohe Power** $1 - \beta$ aufweisen

Genau wie bei den Konfidenzintervallen beziehen sich diese Wahrscheinlichkeiten auf das Verfahren, d. h. in diesem Fall auf die Entscheidungsregel, die dem Hypothesentest zugrunde liegt. Ein Signifikanzniveau von $\alpha = 0.005$ bedeutet: Wenn die H_0 wahr ist, wir unendlich oft eine Stichprobe ziehen und jedes Mal unsere Entscheidung auf Basis der Entscheidungsregel treffen, entscheiden wir uns nur in 0.5 % der Fälle fälschlicherweise für die H_1. Falls wir uns in unserer konkreten Stichprobe für die H_1 entschieden haben, können wir aber nicht sagen, dass die Wahrscheinlichkeit dafür, dass diese konkrete Entscheidung falsch ist, gleich 0.5 % ist.

Sehr wichtig: Nur ein niedriges Signifikanzniveau reicht nicht aus, auch wenn wir uns primär gegen falsche Entscheidungen für die H_1 absichern wollen. Hypothesentests sollten immer auch eine hohe Power aufweisen! Warum dies so ist, werden wir in Abschn. 3.7 noch ausführlich besprechen.

3.6.2 Beispiel Hypothesentest

Sinnvolle Entscheidungsregeln im Rahmen eines Hypothesentests sollten berücksichtigen, wie stark der aus der Stichprobe berechnete Punktschätzwert für oder gegen die jeweiligen Hypothesen spricht. Hierbei betrachten wir zunächst nur die Nullhypothese.

Wir wollen für unser Beispiel mit der Nullhypothese „Die relative Häufigkeit von depressiven Störungen in Deutschland kleiner oder gleich 0.1" einen Hypothesentest mit Signifikanzniveau $\alpha = 0.005$ konstruieren. Hierfür haben wir eine einfache Zufallsstichprobe der Größe n = 100 erhoben.

Unser Schätzwert für die relative Häufigkeit von depressiven Störungen in Deutschland – also für den Parameter π – wäre einfach die relative Häufigkeit der Depression in unserer Stichprobe (siehe Abschn. 3.5.3).

Falls dieser Schätzwert nun z. B. 0.02 wäre, würde dies eher für die $H_0 : \pi \leq 0.1$ sprechen. Falls der Schätzwert hingegen 0.9 wäre, würde dies eher gegen die $H_0 : \pi \leq 0.1$ sprechen. Allgemein: Je weiter der Schätzwert in positiver Richtung von dem Referenzwert aus der H_0 (hier 0.1) abweicht, desto stärker sprechen die Daten gegen die H_0.

Falls wir nun die Wahrscheinlichkeitsverteilung der Schätzfunktion unter der Voraussetzung kennen würden, dass der Referenzwert aus der H_0 dem wahren Wert entspricht, könnten wir die Entscheidungsregel wie folgt festlegen:

Wir entscheiden uns genau dann für die Alternativhypothese, wenn die Wahrscheinlichkeit dafür, unseren Schätzwert oder einen noch höheren zu bekommen, kleiner als unser Signifikanzniveau α ist, d. h. wenn ein Schätzwert wie der unsere unter der H_0 zu unwahrscheinlich wäre. Andernfalls entscheiden wir uns für die H_0.

Da nun die Zufallsvariablen X_1, X_2, ..., X_{100} jeweils den Wert 1 annehmen, falls die jeweilige Person in der Stichprobe eine depressive Störung aufweist, und 0 falls nicht, entspricht die absolute Häufigkeit der depressiven Störungen in der Stichprobe der Zufallsvariable

$$S = X_1 + X_2 + \ldots + X_{100}$$

Unsere Schätzfunktion für π – die relative Häufigkeit der depressiven Störungen in der Stichprobe – ist also

$$\frac{S}{100}$$

Angenommen der tatsächliche Schätzwert für π aus unserer Stichprobe wäre 0.2. Die Wahrscheinlichkeit dafür, unter der Voraussetzung $\pi = 0.1$ unseren Schätzwert oder einen noch höheren zu bekommen wäre dann

$$P\left(\frac{S}{100} \geq 0.2\right) = P(S \geq 0.2 \cdot 100) = P(S \geq 20)$$

Wie können wir diese Wahrscheinlichkeit berechnen?

Wir wissen, dass die Zufallsvariablen X_1, X_2, ..., X_{100} alle unabhängig sind und jeweils einer Bernoulli-Verteilung mit Parameter π folgen. Unter der Voraussetzung $\pi = 0.1$ folgen sie also alle einer Bernoulli-Verteilung mit $\pi = 0.1$. Die Summe dieser n unabhängigen und gleich verteilten Bernoulli-Variablen entspricht unserer Zufallsvariable S, deren Wahrscheinlichkeitsverteilung wir bestimmen können: Sie folgt einer sogenannten Binomialverteilung mit Parametern $n = 100$ und $\pi = 0.1$. Auf der Basis dieser Verteilung können wir dann

3.6 Hypothesentests

die Wahrscheinlichkeit $P(S \geq 20)$ berechnen. Die genaue Berechnung werden wir hier jedoch überspringen und stattdessen nur das Ergebnis angeben:

$$P\left(\frac{S}{100} \geq 0.2\right) = P(S \geq 20) \approx 0.002$$

Diese Wahrscheinlichkeit wäre für andere unter der H_0 mögliche Werte (z. B. $\pi = 0.05$) noch geringer. Das heißt: Unter der Nullhypothese wäre die Wahrscheinlichkeit dafür, unseren Schätzwert 0.2 (oder einen noch größeren) zu erhalten, höchstens 0.002. Diese Wahrscheinlichkeit wird auch **p-Wert** genannt. In unserem Fall ist der p-Wert kleiner als unser Signifikanzniveau $\alpha = 0.005$ und wir entscheiden uns somit für die Alternativhypothese: Wir gehen davon aus, dass die relative Häufigkeit von depressiven Störungen in Deutschland höher als 0.1 ist.

Zusammenfassend lautet die allgemeine Entscheidungsregel:

- Falls der p-Wert kleiner als α ist, entscheiden wir uns für die H_1
- Falls der p-Wert größer als α ist, entscheiden wir uns für die H_0

Man kann zeigen, dass ein durch diese Entscheidungsregel definierter Hypothesentest ein Signifikanzniveau von höchstens α aufweist.

Die Power $1 - \beta$ unseres Hypothesentests haben wir bislang jedoch noch nicht berücksichtigt. Wir können sie jedoch für unsere allein auf Basis des Signifikanzniveaus festgelegte Entscheidungsregel berechnen. Die tatsächliche Berechnung ist etwas aufwendig, weswegen wir hier nur einige wichtige Zusammenhänge erwähnen wollen:

- je höher α, desto höher die Power (bei gegebener Stichprobengröße)
- Je größer die Stichprobe, desto höher die Power (bei gegebenem α)

Statt die Power eines schon durchgeführten Hypothesentests zu berechnen, können wir die Berechnung aber auch umdrehen: Wir können für eine gegebene Power berechnen, wie groß unsere Stichprobe sein muss, damit unser Signifikanztest die gewünschte Power aufweist. Dieses Vorgehen wird auch **Stichprobenplanung** genannt.

Da gesamte Vorgehen sieht also wie folgt aus:

- Wir geben ein niedriges Signifikanzniveau und eine hohe Power vor (z. B. $\alpha = 0.005$ und $1 - \beta = 0.8$)
- Wir legen auf der Basis des Signifikanzniveaus eine Entscheidungsregel fest

- Wir berechnen die Stichprobengröße, die wir benötigen, damit der durch diese Entscheidungsregel definierte Hypothesentest die gewünschte Power aufweist.
- Wir erheben eine Stichprobe dieser Größe und wenden die Entscheidungsregel an.

Bei Hypothesentests für andere Parameter (z. B. μ) ist das grundlegende Vorgehen sehr ähnlich. Sogar die allgemeine Entscheidungsregel basierend auf dem Vergleich von α und p-Wert bleibt gleich. Letzterer wird nur von Fall zu Fall unterschiedlich berechnet.

3.7 False Discovery Rate

In diesem Unterkapitel werden wir uns näher mit der Frage beschäftigen, warum statistische Hypothesentests neben einem geringen Signifikanzniveau immer auch eine ausreichend hohe Power aufweisen sollten. Unsere Argumentation orientiert sich dabei an Ioannidis (2005).

3.7.1 Definition der False Discovery Rate

Statt eines einzelnen Hypothesentests betrachten wir nun eine Gruppe von N Hypothesentests. Beispielsweise könnte N die Anzahl aller bisher in der Psychologie durchgeführten Hypothesentests sein.

Bei allen N Tests ist entweder die H_0 oder die H_1 wahr. Den Anteil der Tests, bei denen die H_0 wahr ist, nennen wir **Basisrate** ρ. Sie kann zwischen 0 und 1 liegen. Insgesamt ist die H_0 damit in $\rho \cdot N$ Fällen wahr. Der Anteil der Tests, bei denen die H_1 wahr ist, ist $1 - \rho$, sodass insgesamt in $(1 - \rho) \cdot N$ Fällen die H_1 wahr ist.

Falls wir zum Beispiel 1000 Tests betrachten, ist $N = 1000$. Ist nun bei 40 % dieser Hypothesentests die Nullhypothese wahr, entspricht dies einer Basisrate von $\rho = 0.4$. In diesem Fall ist also in $\rho \cdot N = 0.4 \cdot 1000 = 400$ Fällen die H_0 wahr und in $(1 - \rho) \cdot N = 0.6 \cdot 1000 = 600$ Fällen die H_1.

Wir treffen die folgenden Annahmen:

- Die N Tests sind unabhängig voneinander
- Das Signifikanzniveau α ist für alle N Tests gleich
- Die Power $1 - \beta$ ist für alle N Tests gleich

3.7 False Discovery Rate

Die erste Annahme ist beispielsweise erfüllt, falls alle N Hypothesentests aus unterschiedlichen Studien mit unterschiedlichen Stichproben stammen. Für unsere Überlegungen können wir uns ohne Probleme auf diesen Fall beschränken. Die zweite Annahme ist zumindest in Hinblick auf die psychologische Fachliteratur realistisch: In nahezu allen Fällen wird hier per Konvention $\alpha = 0.05$ verwendet. Die Annahme gleicher Power für alle Tests ist unrealistisch, da die Power u. a. von der Stichprobengröße abhängt. Wir gelangen jedoch zu den gleichen Ergebnissen, wenn wir lediglich annehmen, dass die Power im Durchschnitt $1 - \beta$ ist.

Wir betrachten nun ausschließlich diejenigen Fälle, in denen der statistische Hypothesentest zu einem sogenannten **signifikanten** Ergebnis führt, d. h. zu einer Entscheidung für die H_1. Diese Entscheidungen sind inhaltlich interessanter, da die H_1 in der Regel aus einer psychologischen Theorie abgeleitet wird. Eine Entscheidung für die H_1 steht somit nicht im Widerspruch zu dieser Theorie und kann nicht als empirische Evidenz gegen diese interpretiert werden. In psychologischen Fachzeitschriften werden nahezu ausschließlich Studien mit signifikanten Ergebnissen veröffentlicht.

Wir wissen, dass einige der Entscheidungen für die H_1 Fehlentscheidungen sind. Diese Fehlentscheidungen werden wir im Folgenden **falsch positive Entscheidungen** nennen. Falsch positive Entscheidungen können nur bei denjenigen der N Test getroffen werden, bei denen die H_0 wahr ist, also in $\rho \cdot N$ Fällen. Da das Signifikanzniveau aller N Tests gleich α ist und der Wahrscheinlichkeit dafür entspricht, dass wir uns fälschlicherweise für die H_1 entscheiden, treffen wir im Durchschnitt in $\alpha \cdot \rho \cdot N$ Fällen eine falsch positive Entscheidung. Diese Größe – die durchschnittliche **Anzahl falsch positiver Entscheidungen** – nennen wir fp:

$$fp = \alpha \cdot \rho \cdot N$$

Beispiel: Wir betrachten N = 1000 Tests mit einer Basisrate von $\rho = 0.4$. Damit ist in 40 % der Tests, also in 400 Fällen die H_0 wahr. Bei diesen 400 Tests können wir eine falsch positive Entscheidung treffen. Bei einem Signifikanzniveau von $\alpha = 0.05$ haben wir die Garantie, dass wir uns (im Durchschnitt) nur in 5 % dieser 400 Tests, also in 20 Fällen fälschlicherweise für die H_1 entscheiden:

$$fp = \alpha \cdot \rho \cdot N = 0.05 \cdot 0.4 \cdot 1000 = 20$$

Natürlich werden aber auch einige der Entscheidungen für die H_1 richtig sein. Diese Entscheidungen werden wir im Folgenden **richtig positive Entscheidungen** nennen. Sie können nur bei denjenigen Tests getroffen werden, in denen die H_1 wahr ist, also in $(1 - \rho) \cdot N$ Fällen. Da die Power $1 - \beta$ der Tests jeweils der Wahrscheinlichkeit dafür entspricht, dass wir uns richtigerweise für die H_1 entscheiden, ist die durchschnittliche Anzahl der richtig positiven Entscheidungen $(1-\beta)\cdot(1-\rho)\cdot N$. Diese Größe – die durchschnittliche **Anzahl richtig positiver Entscheidungen** – nennen wir rp:

$$rp = (1-\beta)\cdot(1-\rho)\cdot N$$

Beispiel: Wir betrachten $N=1000$ Tests mit einer Basisrate von $\rho = 0.4$. Damit ist in 60 % der Tests, also in 600 Fällen die H_1 wahr. Bei diesen 600 Hypothesentests können wir eine richtig positive Entscheidung treffen. Bei einer Power von $1-\beta = 0.95$ haben wir die Garantie, dass wir uns (im Durchschnitt) in 95 % dieser 600 Tests, also in 570 Fällen richtigerweise für die H_1 entscheiden:

$$rp = (1-\beta)\cdot(1-\rho)\cdot N = 0.95 \cdot 0.6 \cdot 1000 = 570$$

Schließlich entspricht die durchschnittliche Anzahl aller Entscheidungen für die H_1 der Summe der falsch positiven Entscheidungen ($=$ fp) und der richtig positiven Entscheidungen ($=$ rp). Diese Größe – die durchschnittliche **Anzahl positiver Entscheidungen** – nennen wir gp:

$$gp = fp + rp = \alpha \cdot \rho \cdot N + (1-\beta)\cdot(1-\rho)\cdot N$$

Die **False Discovery Rate FDR** ist definiert als durchschnittlicher Anteil der falsch positiven Entscheidungen an allen positiven Entscheidungen:

$$FDR = \frac{fp}{gp} = \frac{fp}{fp+rp}$$

Sie ist eine zentrale Größe bei der Beurteilung signifikanter Ergebnisse:

- falls die FDR klein ist, bedeutet dies, dass im Durchschnitt ein großer Anteil der signifikanten Entscheidungen richtig ist.
- falls die FDR groß ist, bedeutet dies, dass im Durchschnitt ein großer Anteil der signifikanten Entscheidungen falsch ist.

Die FDR ist unabhängig von der Anzahl N der betrachteten Tests, wie wir durch Einsetzen von fp und gp und Kürzen von N sehen:

$$FDR = \frac{fp}{fp+rp} = \frac{\alpha \cdot \rho \cdot N}{\alpha \cdot \rho \cdot N + (1-\beta)\cdot(1-\rho)\cdot N} = \frac{\alpha \cdot \rho}{\alpha \cdot \rho + (1-\beta)\cdot(1-\rho)}$$

Zusammenfassend ergibt sich für die FDR also die folgende Formel:

$$FDR = \frac{\alpha \cdot \rho}{\alpha \cdot \rho + (1-\beta)\cdot(1-\rho)}$$

3.7 False Discovery Rate

Wie wir sehen, hängt die Höhe der FDR von den folgenden Größen ab:

- dem Signifikanzniveau α der Tests
- der Power $1 - \beta$ der Tests
- der Basisrate ρ

Wie diese Abhängigkeit genau aussieht, werden wir uns nun genauer ansehen.

3.7.2 Einflussgrößen auf die False Discovery Rate

3.7.2.1 FDR und Signifikanzniveau
Allgemein ergibt sich bei gegebenem ρ und $1 - \beta$ nach Teilen von Zähler und Nenner der FDR durch α

$$FDR = \frac{\alpha \cdot \rho}{\alpha \cdot \rho + (1 - \beta) \cdot (1 - \rho)} = \frac{\rho}{\rho + \frac{(1-\beta) \cdot (1-\rho)}{\alpha}}$$

dass die FDR umso niedriger ist, je kleiner das Signifikanzniveau α ist: Je kleiner α, desto größer der Bruch

$$\frac{(1 - \beta) \cdot (1 - \rho)}{\alpha}$$

desto größer der gesamte Nenner und desto kleiner die FDR selbst. Aber: die FDR hängt auch bei kleinem α immer noch von der Power und der Basisrate ab.

Zwei wichtige Konsequenzen aus diesen Überlegungen sind also:

- Hypothesentests sollten ein niedriges Signifikanzniveau aufweisen
- Ein niedriges Signifikanzniveau alleine ist keine Garantie dafür, dass die FDR niedrig ist (außer im uninteressanten Fall $\alpha = 0$)

3.7.2.2 FDR und Power
Allgemein ergibt sich bei gegebenem ρ und α aus

$$FDR = \frac{\alpha \cdot \rho}{\alpha \cdot \rho + (1 - \beta) \cdot (1 - \rho)}$$

dass die FDR umso niedriger ist, je höher die Power $1 - \beta$ ist: Je größer $1 - \beta$, desto größer der Nenner der FDR und desto kleiner die FDR selbst.

Im Extremfall einer Power von $1 - \beta = 1$, ergibt sich eine FDR von

$$FDR = \frac{\alpha \cdot \rho}{\alpha \cdot \rho + (1 - \beta) \cdot (1 - \rho)} = \frac{\alpha \cdot \rho}{\alpha \cdot \rho + (1 - \rho)}$$

Im Extremfall einer Power von $1 - \beta = 0$, ergibt sich eine FDR von

$$FDR = \frac{\alpha \cdot \rho}{\alpha \cdot \rho + (1 - \beta) \cdot (1 - \rho)} = \frac{\alpha \cdot \rho}{\alpha \cdot \rho} = 1$$

Wichtige Konsequenzen:

- Hypothesentests sollten eine hohe Power aufweisen
- Auch bei einem sehr geringen Signifikanzniveau kann eine geringe Power zu einer sehr hohen FDR führen, im schlimmsten Fall sogar zu einer FDR nahe 1
- Das Signifikanzniveau bestimmt, wie klein die FDR für eine gegebene Basisrate im besten Fall werden kann

3.7.2.3 FDR und Basisrate

Allgemein ergibt sich bei gegebenem α und $1 - \beta$ nach Teilen von Zähler und Nenner der FDR durch ρ

$$FDR = \frac{\alpha \cdot \rho}{\alpha \cdot \rho + (1 - \beta) \cdot (1 - \rho)} = \frac{\alpha}{\alpha + (1 - \beta) \cdot \frac{(1-\rho)}{\rho}} = \frac{\alpha}{\alpha + (1 - \beta) \cdot \left(\frac{1}{\rho} - 1\right)}$$

dass die FDR umso höher ist, je höher die Basisrate ρ ist: Je größer ρ, desto kleiner der Term

$$\left(\frac{1}{\rho} - 1\right)$$

und desto kleiner der Nenner der FDR und desto größer die FDR selbst.

Sehr wichtig: Wie stark die FDR mit der Basisrate wächst, hängt von α und $1 - \beta$ ab. Diesen Zusammenhang werden wir im Folgenden genauer betrachten.

Bei einem hohen Signifikanzniveau und einer geringen Power wächst die FDR sehr schnell mit der Basisrate. Schon bei einer geringen Basisrate von $\rho = 0.1$ könnten hier im Durchschnitt weit über die Hälfte der signifikanten Ergebnisse falsch sein (siehe Abb. 3.11).

Bei einem geringen Signifikanzniveau und einer geringen Power wächst die FDR immer noch sehr schnell mit der Basisrate (siehe Abb. 3.12).

3.7 False Discovery Rate

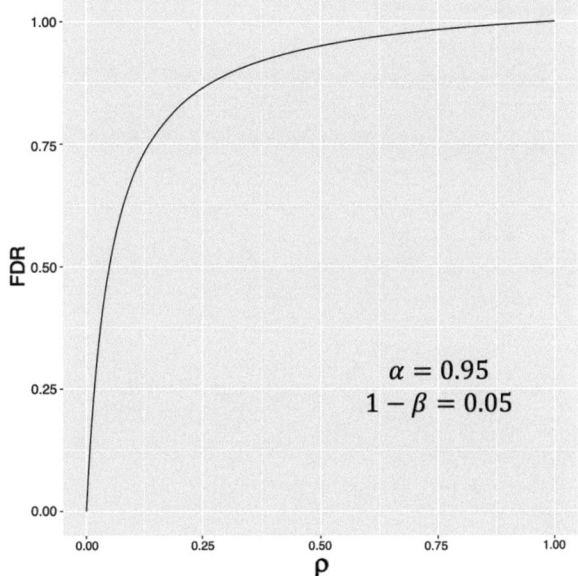

Abb. 3.11 Abhängigkeit der FDR von der Basisrate bei hohem Signifikanzniveau und geringer Power

Gleiches gilt für hohes Signifikanzniveau und eine hohe Power (siehe Abb. 3.13).

Bei einem geringen Signifikanzniveau und einer hohen Power (also bei guten Hypothesentests) wächst die FDR hingeben nur sehr langsam mit der Basisrate (siehe Abb. 3.14).

Zusammenfassend können wir festhalten:

- Die Basisrate können wir nicht kontrollieren, da wir nicht wissen, wie viele unserer Alternativhypothesen wahr sind. Damit können wir auch die FDR nicht direkt kontrollieren
- Aber: Wir können uns gegen einen zu starken Einfluss der Basisrate auf die FDR durch ein niedriges Signifikanzniveau und eine hohe Power unserer Tests absichern

Dies ist der Grund dafür, warum statistische Hypothesentests nur dann zu wirklich verlässlichen Ergebnissen führen, falls sie sowohl ein niedriges Signifikanzniveau als auch eine hohe Power aufweisen.

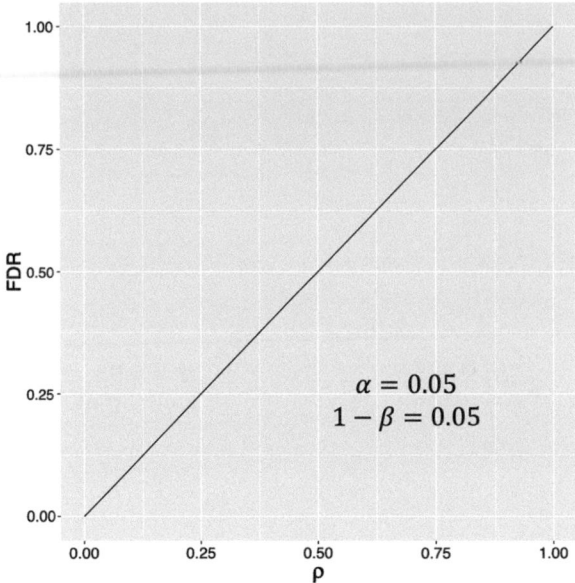

Abb. 3.12 Abhängigkeit der FDR von der Basisrate bei geringem Signifikanzniveau und geringer Power

3.7.3 False Discovery Rate in der Psychologie

Etwas vereinfacht kann die Situation in der Psychologie wie folgt zusammengefasst werden:

- In psychologischen Studien werden fast ausschließlich Hypothesentests verwendet. Parameterschätzung spielt eine sehr viel geringere Rolle.
- Die allgemeine Konvention ist hierbei ein Signifikanzniveau von $\alpha = 0.05$.
- In den meisten Fällen wird keine Stichprobenplanung durchgeführt und nur eine kleine Stichprobe erhoben (oft sogar nicht mehr als 20 Personen). Infolgedessen ist die Power der verwendeten Tests sehr gering. Im Durchschnitt kann sie auf ungefähr $1 - \beta = 0.35$ geschätzt werden (Bakker, Dijk & Wicherts, 2012).
- In psychologischen Fachzeitschriften werden nahezu ausschließlich Studien mit signifikanten Ergebnissen veröffentlicht.

3.7 False Discovery Rate

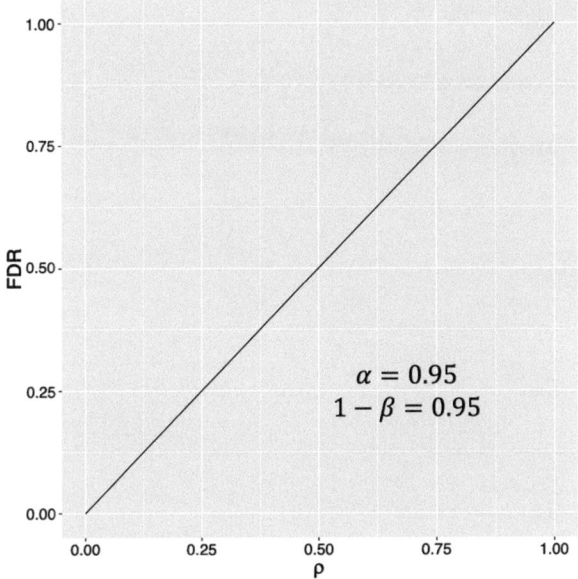

Abb. 3.13 Abhängigkeit der FDR von der Basisrate bei hohem Signifikanzniveau und hoher Power

Wir werden uns nun überlegen, welche Konsequenzen dies für die FDR bei psychologischen Studien hat.

Zunächst ergibt sich bei einem Signifikanzniveau von $\alpha = 0.05$ und einer Power von $1 - \beta = 0.35$

$$FDR = \frac{0.05 \cdot \rho}{0.05 \cdot \rho + 0.35 \cdot (1 - \rho)}$$

Da wir die Basisrate ρ nicht kennen, können wir die FDR nicht exakt berechnen. Wie können wir die Situation trotzdem beurteilen?

Zum einen können wir untersuchen, wie stark die FDR in diesem Fall von der Basisrate abhängt.

Eine sehr wohlwollende Abschätzung mit einer Basisrate von $\rho = 0.1$ ergäbe zunächst

$$FDR = \frac{0.05 \cdot \rho}{0.05 \cdot \rho + 0.35 \cdot (1 - \rho)} = \frac{0.05 \cdot 0.1}{0.05 \cdot 0.1 + 0.35 \cdot 0.9} \approx 0.02$$

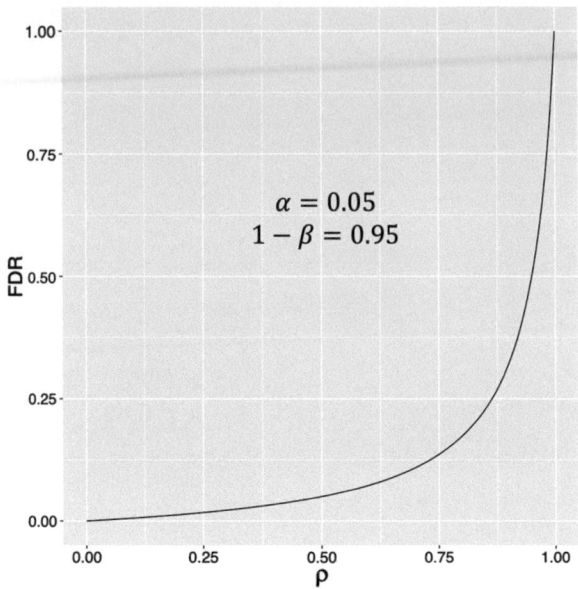

Abb. 3.14 Abhängigkeit der FDR von der Basisrate bei geringem Signifikanzniveau und hoher Power

Eine konservative Abschätzung mit einer Basisrate von $\rho = 0.9$ würde hingegen zu

$$FDR = \frac{0.05 \cdot \rho}{0.05 \cdot \rho + 0.35 \cdot (1-\rho)} = \frac{0.05 \cdot 0.9}{0.05 \cdot 0.9 + 0.35 \cdot 0.1} \approx 0.56$$

führen.

Allgemein kann die Abhängigkeit der FDR von der Basisrate bei einem Signifikanzniveau von 0.05 und einer Power von 0.35 grafisch wie in Abb. 3.15 veranschaulicht werden.

Wir sehen also: Die FDR hängt bei $\alpha = 0.05$ und $1 - \beta = 0.35$ sehr stark von der Basisrate ab: Ist diese gleich 0.1, ist alles in Ordnung. Ist sie jedoch gleich 0.9, sind im Durchschnitt mehr als die Hälfte der signifikanten Ergebnisse in psychologischen Fachzeitschriften falsch. Eigentlich sollten statistische Methoden sicherstellen, dass nicht kontrollierbare Größen wie die Basisrate keinen so starken Einfluss auf die Qualität der Ergebnisse haben. Das Fazit

3.7 False Discovery Rate

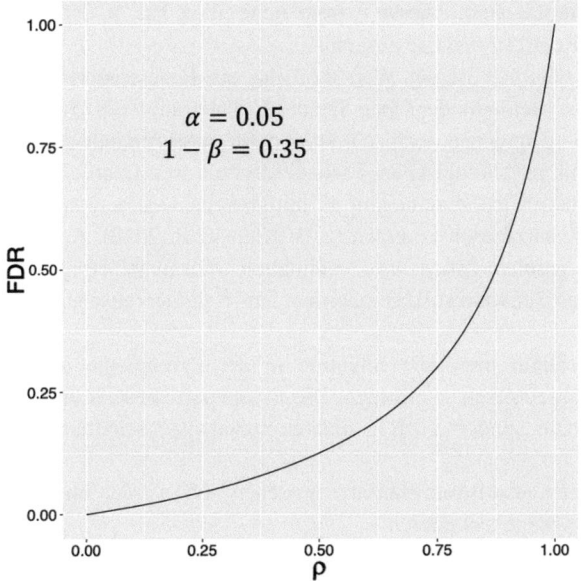

Abb. 3.15 Abhängigkeit der FDR von der Basisrate in der Psychologie

aus rein theoretischer Sicht wäre also: Die Qualität der in der Psychologie verwendeten statistischen Methoden hängt zu stark von der Basisrate, d. h. von einer unkontrollierbaren Größe ab.

Ein anderer Ansatz zur Beurteilung der Situation wäre, die FDR empirisch zu schätzen.

Dies war das Ziel der inzwischen berühmten Replikationsstudie der Open Science Collaboration (2015). Im Rahmen dieser Studie wurden zufällig 97 Studien mit signifikantem Ergebnis aus hochrangigen psychologischen Fachzeitschriften ausgewählt. Alle diese Studien wurden dann in größeren Stichproben mit deutlich höherer Power noch einmal durchgeführt. Als Schätzwert für die FDR wurde der Anteil der Studien verwendet, bei denen bei dieser nochmaligen Durchführung kein signifikantes Ergebnis mehr herauskam.

Etwas vereinfacht ergab sich das folgende ernüchternde Ergebnis: Nur in 37 % der Studien führte der Hypothesentest bei wiederholter Durchführung wieder zu einem signifikanten Ergebnis. Nimmt man diese Ergebnisse ernst, muss die FDR in der Psychologie somit auf 0.63 geschätzt werden und man muss davon ausgehen, dass im Durchschnitt 63 % (!) aller veröffentlichten signifikanten

Ergebnisse falsch sind. Dieser extrem hohe Wert hat in der Psychologie die sogenannte Replikationskrise ausgelöst.

Selbstverständlich ist der Wert 0.63 nur ein Punktschätzwert und natürlich kann auch die Methodik der Open Science Collaboration (2015) kritisiert werden. Aber die Daten sprechen doch sehr stark dafür, dass zumindest ein viel zu hoher Anteil der in psychologischen Fachzeitschriften veröffentlichten signifikanten Ergebnisse falsch ist. Zudem gibt es mittlerweile weitere Studien, die zu ähnlich hohen Schätzwerten kommen (z. B. Klein et al. 2018). Außerdem: Wie wir weiter oben gesehen haben, ist die Situation auch unabhängig davon, wie man den konkreten Schätzwert 0.63 einordnet, aus rein theoretischer Sicht kritisch zu sehen.

Alles in allem muss die Situation in der Psychologie also als durchaus problematisch eingeschätzt werden. Die Problematik besteht zudem nicht nur in der Psychologie, sondern auch in anderen Sozialwissenschaften und in Teilen der Medizin.

Wie könnten also Lösungsansätze aussehen? Wir werden im Folgenden einige aktuelle Vorschläge diskutieren.

Optimal wäre es natürlich zunächst, wenn wir die FDR direkt kontrollieren könnten, so wie wir beispielsweise das Signifikanzniveau oder die Power der Hypothesentests kontrollieren können. Wie wir aber gesehen haben, ist dies nicht so einfach, da die FDR immer auch von der Basisrate abhängt und wir diese weder kennen noch direkt beeinflussen können.

Wir können uns jedoch darauf beschränken, die FDR so unabhängig wie möglich von der Basisrate zu machen, um uns so gegen Worst-Case-Szenarien, d. h. gegen sehr ungünstige Basisraten abzusichern. Wir wissen nämlich: Je geringer das Signifikanzniveau und je höher die Power, desto geringer ist die Abhängigkeit der FDR von der Basisrate.

Ein aus statistischer Sicht naheliegender Lösungsansatz wäre also, neben einem Signifikanzniveau von $\alpha = 0.05$ einfach größere Stichproben und somit eine höhere Power zu fordern. In dieser Hinsicht ist in den letzten Jahren auch ein leichter positiver Trend erkennbar. Immer mehr Fachzeitschriften verlangen größere Stichproben und Poweranalysen.

Aber: Auch eine hohe Power von $1 - \beta = 0.95$ kann bei einem Signifikanzniveau von $\alpha = 0.05$ immer noch zu niedrig sein. Bei einer Basisrate von $\rho = 0.9$ ergibt sich hier:

$$FDR = \frac{\alpha \cdot \rho}{\alpha \cdot \rho + (1 - \beta) \cdot (1 - \rho)} = \frac{0.05 \cdot 0.9}{0.05 \cdot 0.9 + 0.95 \cdot 0.1} \approx 0.32$$

3.7 False Discovery Rate

Sogar im positiven Extremfall einer Power von $1 - \beta = 1$ wäre die FDR bei $\rho = 0.9$ noch sehr hoch:

$$FDR = \frac{\alpha \cdot \rho}{\alpha \cdot \rho + (1 - \beta) \cdot (1 - \rho)} = \frac{0.05 \cdot 0.9}{0.05 \cdot 0.9 + 1 \cdot 0.1} \approx 0.31$$

Ein weiterer Vorschlag ist daher, als neue Konvention für das Signifikanzniveau statt $\alpha = 0.05$ den Wert $\alpha = 0.005$ zu verwenden (Benjamin et al. 2018). Warum könnte dies sinnvoll sein? Wir wissen: Je niedriger das Signifikanzniveau, desto niedriger ist die FDR bei gleichbleibender Power und gleichbleibender Basisrate. Aber: Falls wir das Signifikanzniveau einfach senken, ohne die Stichprobengröße zu erhöhen, sinkt auch die Power. Eine geringere Power erhöht wiederum die FDR. Es zeigt sich aber, dass der Effekt der Senkung des Signifikanzniveaus auf die FDR in der Regel größer ist als der Effekt der damit einhergehenden Senkung der Power.

Der Vorteil von $\alpha = 0.005$ wird noch deutlicher, falls man zusätzlich größere Stichproben und somit eine höhere Power fordert. Bei einer Power von $1 - \beta = 0.8$, einem Signifikanzniveau von $\alpha = 0.005$ und einer ungünstigen Basisrate von $\rho = 0.9$ ergibt sich:

$$FDR = \frac{\alpha \cdot \rho}{\alpha \cdot \rho + (1 - \beta) \cdot (1 - \rho)} = \frac{0.005 \cdot 0.9}{0.005 \cdot 0.9 + 0.8 \cdot 0.1} \approx 0.05$$

Im Vergleich hierzu noch einmal die Berechnung für $\alpha = 0.05$ und $1 - \beta = 0.95$ bei $\rho = 0.9$:

$$FDR = \frac{\alpha \cdot \rho}{\alpha \cdot \rho + (1 - \beta) \cdot (1 - \rho)} = \frac{0.05 \cdot 0.9}{0.05 \cdot 0.9 + 0.95 \cdot 0.1} \approx 0.32$$

Die allgemeine Abhängigkeit der FDR von der Basisrate ist für beide Szenarien in Abb. 3.16 dargestellt.

Wir sehen also: Bei $\alpha = 0.005$ und $1 - \beta = 0.8$ besteht eine deutlich geringere Abhängigkeit der FDR von der Basisrate. Hier müsste die Basisrate schon sehr hoch sein, damit eine problematische FDR resultieren würde. Zudem wäre der Aufwand nicht viel höher als bei $\alpha = 0.05$ und $1 - \beta = 0.95$: In vielen Fällen führt eine Stichprobenplanung zu vergleichbaren Stichprobengrößen.

Als Fazit können wir also festhalten: Eine neue Konvention von $\alpha = 0.005$ verbunden mit einer Forderung größerer Stichproben bzw. einer Power von mindestens $1 - \beta = 0.8$ könnte zu einer deutlichen Verbesserung der Situation führen.

Aber: In vielen Fällen ist es sehr schwierig bis unmöglich, große Stichproben zu erheben. Beispiele hierfür sind Studien mit Säuglingen in der

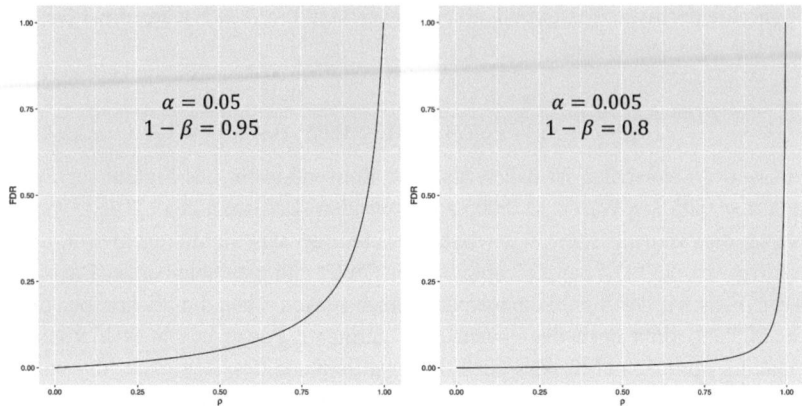

Abb. 3.16 Abhängigkeit der FDR von der Basisrate in zwei verschiedenen Szenarien

Entwicklungspsychologie, klinische Studien bei Patienten mit seltenen psychischen Störungen, sowie neuropsychologische Studien mit aufwendigen Bildgebungsverfahren.

Für diese Situationen besteht ein möglicher Lösungsansatz daraus, viele einzelne Studien mit identischem Versuchsaufbau und jeweils kleinen Stichproben durchzuführen, die Einzelergebnisse aber nicht zu interpretieren. Mithilfe sogenannter metaanalytischer Methoden kann aus den Daten dieser vielen kleinen Studien dann ein kombinierter Hypothesentest berechnet werden, der eine deutlich höhere Power als die Hypothesentests in den einzelnen Studien aufweist. Eine wichtige Voraussetzung hierfür ist allerdings, dass auch tatsächlich alle Einzelstudien unabhängig von ihrem Ergebnis veröffentlicht werden. Auch in diese Richtung ist ein leichter positiver Trend beobachtbar:

- International koordinierte Studien mit vielen Arbeitsgruppen, die jeweils kleine Stichproben untersuchen.
- Open Science Repositories, in denen auch nicht signifikante Ergebnisse veröffentlicht werden können.
- Einige Fachzeitschriften, die Publikationsentscheidungen auf der Basis der Präregistrierung der statistischen Analysen, d. h. auf der Basis des Analyseplans vor der tatsächlichen Durchführung der Test, treffen.

Statistische Modellierung 4

4.1 Statistische Modelle

In allen bisherigen inferenzstatistischen Beispielen haben wir uns für Eigenschaften einzelner Variablen interessiert, etwa die durchschnittliche Intelligenz oder die relative Häufigkeit depressiver Störungen.

Viele wichtige Fragestellungen in der Psychologie betreffen jedoch **Zusammenhänge zwischen mehreren Variablen**. Zum Beispiel könnte es von Interesse sein, ob eine höhere Intelligenz mit einer höheren Abschlussnote einhergeht. Fassen wir die Abschlussnote hier als stetige Variable auf (z. B. weil sie dem Durchschnitt sehr vieler Einzelnoten entspricht), haben wir es mit dem Zusammenhang zwischen zwei stetigen Variablen zu tun: Intelligenz und Abschlussnote. Oder wir könnten uns fragen, ob die relative Häufigkeit depressiver Störungen mit dem Alter steigt. Dies wäre ein Zusammenhang zwischen einer diskreten Variable (Depressive Störung ja/nein) und einer stetigen Variable (Alter).

Zusammenhänge zwischen Variablen werden in der Statistik durch **statistische Modelle** beschrieben. Diese bestehen in der Regel aus Gleichungen, die Zufallsvariablen und Parameter enthalten. Für den Zusammenhang zwischen Intelligenz und Abschlussnote könnte eine solche Gleichung etwa wie folgt aussehen:

$$Y_i = \alpha + \beta \cdot X_i$$

Die Zufallsvariablen Y_i und X_i stehen hier für die Abschlussnote (Y_i) und die Intelligenz (X_i) der jeweils i-ten Person in der Stichprobe. Die Form der Gleichung impliziert, dass der Zusammenhang zwischen Abschlussnote und Intelligenz als Gerade aufgefasst werden kann. Die Parameter α und β bestimmten hierbei die genaue Form der Gerade: α ist der y-Achsenabschnitt der Gerade, d. h. die Abschlussnote einer Person mit einem IQ von 0. β ist die Steigung der Gerade. Diese bestimmt die Art des Zusammenhangs.

Falls β einen Wert größer als Null annimmt, besteht ein positiver Zusammenhang zwischen Intelligenz und Abschlussnote. Ein solcher ist beispielhaft in Abb. 4.1 dargestellt.

Je höher die Intelligenz, desto höher wäre in diesem Fall die Abschlussnote.

Falls β hingegen einen Wert kleiner als Null annimmt, besteht ein negativer Zusammenhang zwischen Intelligenz und Abschlussnote (siehe Abb. 4.2).

Je höher die Intelligenz, desto geringer wäre in diesem Fall die Abschlussnote.

Falls β genau Null ist, besteht kein Zusammenhang zwischen Intelligenz und Abschlussnote (siehe Abb. 4.3).

Eine höhere Intelligenz geht in diesem Fall weder mit einer höheren noch mit einer niedrigeren Abschlussnote einher.

Problem: Unser Modell impliziert, dass zwei Personen mit gleicher Intelligenz auch identische Abschlussnoten aufweisen. Das ist sehr unrealistisch: Eine der beiden Personen könnte z. B. einfach in der Nacht vor der Abschlussprüfung

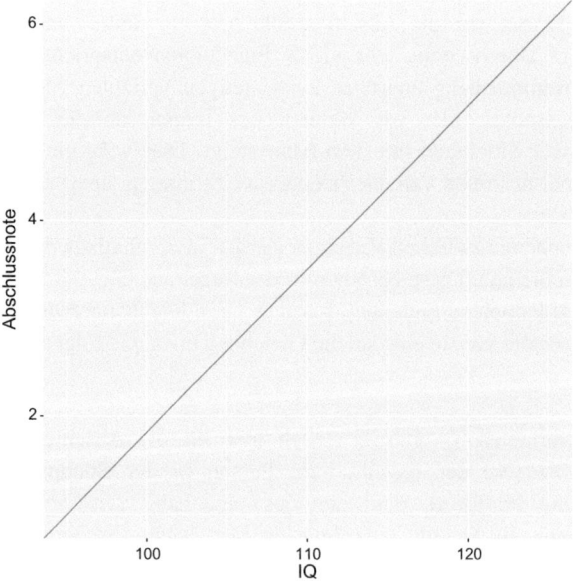

Abb. 4.1 Positiver Zusammenhang zwischen Intelligenz und Abschlussnote

4.1 Statistische Modelle

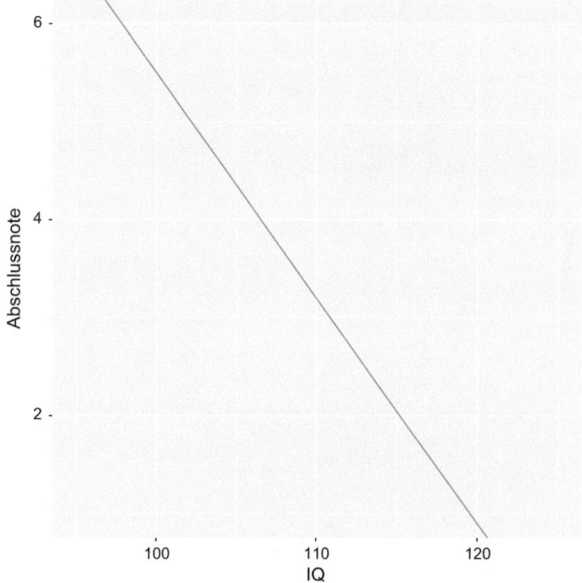

Abb. 4.2 Negativer Zusammenhang zwischen Intelligenz und Abschlussnote

schlecht geschlafen haben und daher schlechter abgeschnitten haben als eine andere Person, obwohl beide Personen die gleiche Intelligenz aufweisen.

Wir müssen in unser Modell also eine weitere Zufallsvariable ε_i aufnehmen, die für die zufällige Abweichung der Person i von der Gerade steht:

$$Y_i = \alpha + \beta \cdot X_i + \varepsilon_i$$

Im Rahmen dieses erweiterten Modells wird lediglich angenommen, dass Personen mit gleicher Intelligenz *im Durchschnitt* die gleiche Abschlussnote aufweisen. Diese durchschnittliche Abschlussnote entspricht der Gerade. Die tatsächlichen Abschlussnoten der Personen streuen wie in Abb. 4.4 zufällig um diese.

Wie stark diese Streuung um die Gerade ist, wird durch einen weiteren Parameter des Modells bestimmt: Die Varianz von ε_i.

Unser erweitertes Beispielmodell ist ein sogenanntes **lineares Regressionsmodell.** Es ist eines von vielen statistischen Modellen (siehe z. B. Bühner und Ziegler 2017 oder Fahrmeir et al. 2013). Welches Modell sich zur Untersuchung

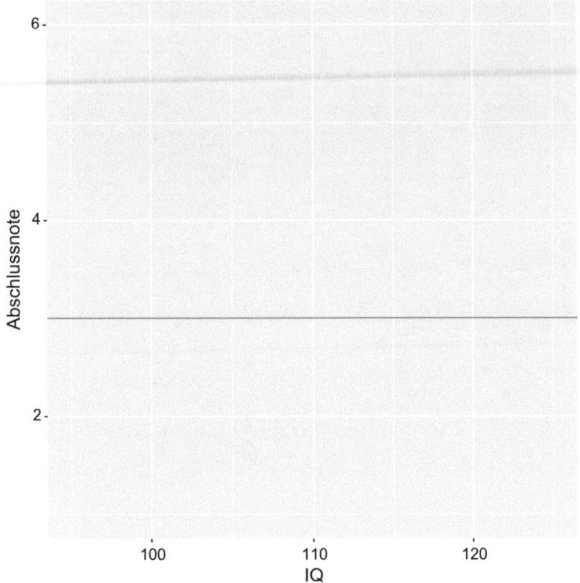

Abb. 4.3 Kein Zusammenhang zwischen Intelligenz und Abschlussnote

einer gegebenen Fragestellung eignet, hängt vor allem von der Art und Anzahl der Variablen ab, deren Zusammenhänge untersucht werden sollen:

- Zusammenhänge zwischen zwei diskreten Variablen
- Zusammenhänge zwischen einer stetigen und einer diskreten Variable
- Zusammenhänge zwischen drei stetigen Variable
- Zusammenhänge zwischen einer stetigen und zwei diskreten Variablen
- etc.

Auch Fragestellungen, die sich auf Unterschiede zwischen mehreren Populationen hinsichtlich einer einzelnen Variable beziehen, lassen sich hier einordnen: Falls wir uns etwa dafür interessieren, ob es einen Unterschied im mittleren IQ zwischen Psychologiestudenten und Jurastudenten gibt, könnten wir dies im Rahmen eines statistischen Modells für den Zusammenhang zwischen einer stetigen Variable (IQ) und einer diskreten Variable (Studienfach) untersuchen.

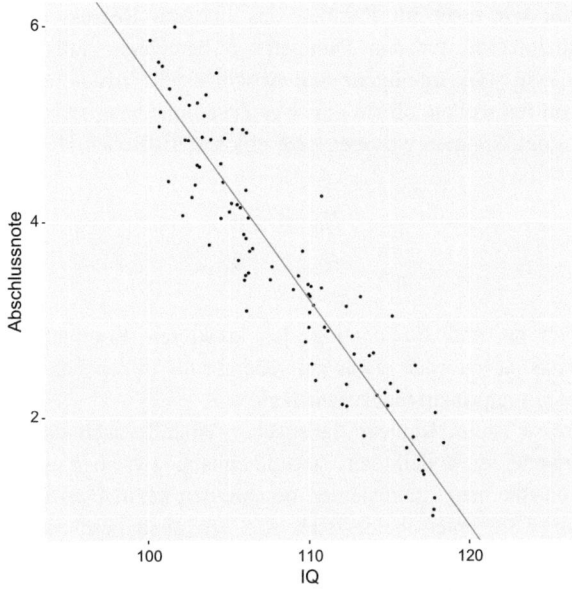

Abb. 4.4 Streuung um die Gerade

4.2 Inferenzstatistik für statistische Modelle

Unabhängig davon, welches konkrete Modell wir verwenden, bleibt das uns schon bekannte allgemeine inferenzstatistische Vorgehen weitestgehend gleich:

- Wir ziehen eine einfache Zufallsstichprobe
- Wir übersetzen die uns interessierende Populationsmaßzahl in einen Parameter unseres Modells
- Wir wenden auf diesen Parameter Methoden der Parameterschätzung oder statistische Hypothesentests an

In unserer Stichprobe müssen wir natürlich die Realisationen aller uns interessierenden Zufallsvariablen beobachten können. In unserem Beispiel sollten wir also von allen Personen in der Stichprobe sowohl die Intelligenz als auch die Abschlussnote erfassen können. Auf der Basis dieser Stichprobendaten könnten wir dann im Rahmen des linearen Regressionsmodells z. B. ein Konfidenzintervall für den Parameter β berechnen, falls wir uns dafür interessieren, wie stark Intelligenz und Abschlussnote zusammenhängen. Wenn wir nur überprüfen wollen, ob ein positiver Zusammenhang zwischen den beiden Variablen besteht, könnten wir aber auch einen statistischen Hypothesentest mit den Hypothesen

$$H_0 : \beta \leq 0$$
$$H_1 : \beta > 0$$

durchführen.

Die Herleitung und Berechnung der konkreten Konfidenzintervalle und Hypothesentests ist natürlich etwas aufwendiger als in den Fällen mit nur einer Variable. Das Grundprinzip bleibt jedoch gleich.

Von Interesse ist im Kontext statistischer Modelle auch die Frage, ob das von uns verwendete Modell den Zusammenhang zwischen den Variablen in der Population überhaupt angemessen beschreiben kann. Dies ist die Frage der **Modellgeltung**. Sie unterscheidet sich von den oben beschriebenen inferenzstatistischen Fragen.

Es könnte beispielsweise sein, dass der durchschnittliche Zusammenhang zwischen Intelligenz und Abschlussnote nicht durch eine Gerade beschrieben werden kann, sondern wie in Abb. 4.5 durch eine Kurve.

In diesem Fall ergäbe es keinen Sinn, ein lineares Modell zu verwenden und inferenzstatistische Verfahren auf dessen Parameter anzuwenden.

Ob ein Modell für die Beschreibung des Zusammenhangs zwischen Variablen geeignet ist, ist also eine grundlegende inferenzstatistische Frage, die prinzipiell vor der Anwendung weiterer inferenzstatistischen Verfahren geklärt werden sollte. Zu ihrer Überprüfung gibt es eigene inferenzstatistische Verfahren. Beispielsweise können für die meisten Modelle Hypothesentests konstruiert werden, deren H_0 es ist, dass der Zusammenhang zwischen den Variablen in der Population wie im Modell formuliert ist.

In unserem Beispiel wären die Hypothesen eines solchen Tests etwa:

H_0: Zwischen Intelligenz und Abschlussnote besteht ein linearer Zusammenhang

H_1: Zwischen Intelligenz und Abschlussnote besteht kein linearer Zusammenhang

Falls wir in diesem Test einen p-Wert größer als α erhalten, können wir mit dem linearen Modell weiterarbeiten, und z. B. im Rahmen eines zweiten statistischen

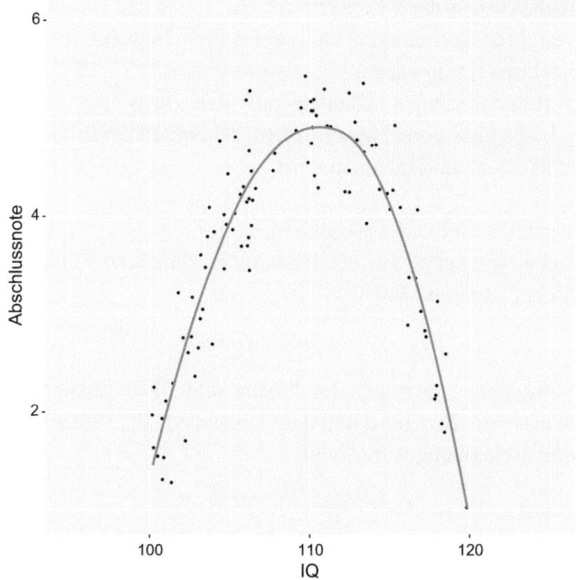

Abb. 4.5 Beispiel für einen nonlinearen Zusammenhang

Hypothesentests überprüfen, ob der Zusammenhang zwischen Intelligenz und Abschlussnote positiv oder negativ ist. Falls der p-Wert jedoch kleiner als Alpha ist, müssten wir hingegen ein anderes Modell wählen.

4.3 Vorhersage mithilfe statistischer Modelle

Statistische Modelle mit mehreren Variablen können – nachdem wir ihre Parameter geschätzt haben – auch zur **Vorhersage** von neuen Beobachtungen verwendet werden.

Vorhersagen dieser Art sind in vielen Anwendungsbereichen der Psychologie von Bedeutung:

- Pädagogische PsychologInnen könnten auf der Basis der Ergebnisse eines Intelligenztests vorhersagen wollen, ob ein Schüler die Abschlussprüfung bestehen wird.

- WirtschaftspsychologInnen könnten auf der Basis der Daten aus einem Einstellungsverfahren vorhersagen wollen, ob eine Bewerberin in einem Unternehmen erfolgreich sein wird.
- Klinische PsychologInnen könnten auf der Basis der Ergebnisse eines klinischen Interviews vorhersagen wollen, ob eine PatientIn in absehbarer Zeit einen Suizidversuch unternehmen wird.

Welche Rolle spielen hierbei statistische Modelle?

Angenommen, wir hätten auf der Basis einer einfachen Zufallsstichprobe die Parameter unseres linearen Modells

$$Y_i = \alpha + \beta \cdot X_i + \varepsilon_i$$

für den Zusammenhang zwischen Intelligenz und Abschlussnote geschätzt und hierbei den Schätzwert 28.5 für α und den Schätzwert -0.23 für β erhalten. Unsere geschätzte Modellgleichung wäre somit

$$Y_i = 28.5 - 0.23 \cdot X_i + \varepsilon_i$$

Nun wollen wir vorhersagen, wie ein Schüler mit einer Intelligenz von 100 in der Abschlussprüfung voraussichtlich abschneiden wird. Als Vorsagewert würde sich in diesem Fall einfach der entsprechende Wert auf der Geraden anbieten, d. h. die Abschlussnote, die wir auf der Basis des Modells für eine Person mit einer Intelligenz von 100 im Durchschnitt erwarten würden. Wir setzen also den Wert 100 in die geschätzte Gleichung ohne ε_i ein und erhalten als Vorhersage für die Abschlussnote des Schülers:

$$28.5 - 0.23 \cdot X_i = 28.5 - 0.23 \cdot 100 = 28.5 - 23 = 5.5$$

Falls die Bestehensgrenze bei 5.0 liegen würde, müssten wir also davon ausgehen, dass der Schüler die Abschlussprüfung ohne weitere Hilfe nicht bestehen wird und könnten z. B. weitere Fördermaßnahmen empfehlen.

Wie gut statistische Vorhersagen und damit auch die auf ihrer Basis getroffenen Entscheidungen sind, hängt davon ab

- wie genau die Schätzungen der Parameter α und β sind, d. h. vor allem davon, wie groß unsere ursprüngliche Stichprobe ist
- wie stark die Varianz der Fehlervariable ε_i ist, d. h. vor allem davon, wie stark der Zusammenhang zwischen den beiden Variablen tatsächlich ist.

In den Kontext der statistischen Vorhersage können auch die meisten Verfahren aus dem Bereich Machine Learning bzw. künstliche Intelligenz (siehe z. B. James et al. 2017) eingeordnet werden. Bei diesen Verfahren handelt es sich um sehr komplexe statistische Modelle, die nahezu beliebige nonlineare Zusammenhänge zwischen sehr vielen Variablen abbilden können. Die Parameter dieser Modelle haben in den meisten Fällen keine inhaltliche Interpretation mehr, ihre Vorhersagen sind jedoch (in großen Stichproben) meist deutlich besser als die Vorhersagen der klassischen Modelle.

4.4 Statistische Modelle mit latenten Variablen

Modelle mit latenten Variablen sind statistische Modelle, die vor allem in der psychologischen Diagnostik ein große Rolle spielen (siehe Bühner 2010).

Als **latente Variablen** werden Variablen bezeichnet, die nicht direkt beobachtbar sind. Dies trifft auf die meisten psychologischen Variablen zu: Im Gegensatz zu physikalischen Variablen wie Größe oder Gewicht können wir Variablen wie Intelligenz oder Extraversion nicht direkt messen. Wenn wir trotzdem Aussagen über diese Variablen treffen wollen, müssen wir versuchen, von direkt beobachtbaren Variablen auf diese latenten Variablen zu schließen.

Damit wir von einer beobachtbaren Variable auf die uns interessierenden latenten Variablen schließen können, muss ein Zusammenhang zwischen diesen beiden Variablen bestehen. Falls wir beispielsweise von der beobachtbaren Leistung einer Person in einem IQ-Test auf ihre Intelligenz schließen wollen, muss ein Zusammenhang zwischen der Intelligenz und dem Abscheiden im IQ-Test bestehen.

Zusammenhänge dieser Art werden in Modellen mit latenten Variablen formuliert. Beispielsweise könnten wir davon ausgehen, dass das (stetige) IQ-Testergebnis X_i aller Personen i von ihrer (stetigen) Intelligenz θ_i und einem zufälligen Fehler ε_i abhängt:

$$X_i = \alpha + \beta \cdot \theta_i + \varepsilon_i$$

α und β sind wie im linearen Regressionsmodell Parameter, die die Form der Gerade festlegen. Das Modell würde also für $\beta > 0$ implizieren, dass eine höhere Intelligenz im Durchschnitt zu einem besseren Abscheiden im IQ-Test führt. Ein Beispiel hierfür ist in Abb. 4.6 dargestellt.

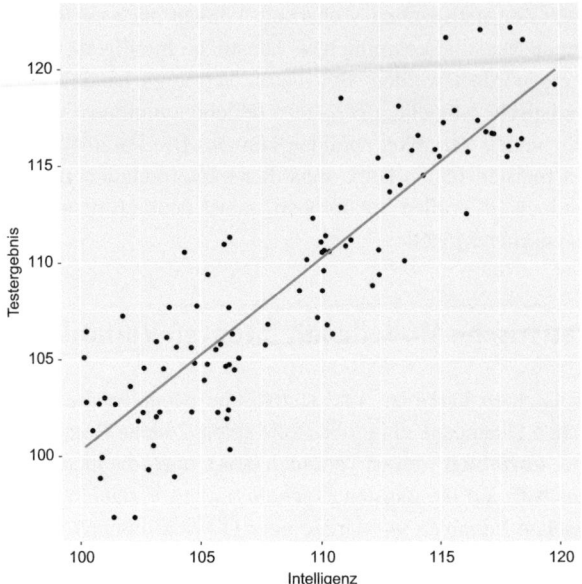

Abb. 4.6 Beispielmodell für den Zusammenhang zwischen Intelligenz und IQ-Testergebnis

Das Modell sieht auf den ersten Blick wie ein normales lineares Regressionsmodell aus. Aber: Die latenten Variablenwerte θ_i auf der rechten Seite der Gleichung sind keine beobachtbaren Variablen, sondern Parameter des Modells. Diese können wir jedoch unter bestimmten Umständen aus den Daten der beobachtbaren Variablen X_i mithilfe inferenzstatistischer Verfahren schätzen:

- Wir können auf der Basis des IQ-Testergebnisses der Person ein Konfidenzintervall für ihre Intelligenz berechnen: Dies wäre für jede Person i ein Konfidenzintervall für θ_i.
- Wir können im Rahmen eines statistischen Hypothesentests überprüfen, ob wir auf der Basis des IQ-Testergebnisses der Person davon ausgehen können, dass die Person hochbegabt (IQ > 130) ist: Dies wäre für jede Person i ein Hypothesentest mit den Hypothesen

$$H_0 : \theta_i \leq 130$$
$$H_1 : \theta_i > 130$$

4.4 Statistische Modelle mit latenten Variablen

Auch in Modellen mit latenten Variablen ist die Frage der Modellgeltung von grundlegendem Interesse: Können wir überhaupt davon ausgehen, dass für das Abschneiden der Personen im IQ-Test nur eine einzige latente Variable verantwortlich ist, die wir allgemeine Intelligenz nennen? Müssen wir nicht vielmehr davon ausgehen, dass für das Abschneiden im IQ-Test mehrere latente Variablen, z. B. verbale und numerische Intelligenz verantwortlich sind? Fragen dieser Art können wir empirisch untersuchen, indem wir ein Modell mit nur einer latenten Variable mit Modellen mit mehreren latenten Variablen hinsichtlich ihrer Modellgeltung vergleichen.

Zusammenfassung 5

Wir können die Statistik allgemein in die Teilgebiete Deskriptivstatistik und Inferenzstatistik einteilen: Das Ziel deskriptivstatistischer Methoden ist die Beschreibung von Variablen eines konkreten Datensatzes. Mithilfe inferenzstatistischer Methoden können wir aus zufällig gezogenen Stichproben auf Parameter in einer Population schließen.

Die Inferenzstatistik lässt sich wiederum in die Gebiete Parameterschätzung und Hypothesentestung einteilen: Methoden der Parameterschätzung geben Aufschluss darüber, welchen Wert ein Parameter in einer Population hat. Mithilfe statistischer Hypothesentests können wir entscheiden, ob ein Parameter in einer Population in einem bestimmten vorgegebenen Bereich liegt oder nicht. Statistische Hypothesentests müssen sowohl ein ausreichend geringes Signifikanzniveau als auch eine hohe Power aufweisen. Letztere kann vor allem durch große Stichproben sichergestellt werden.

Zusammenhänge zwischen mehreren Variablen können im Rahmen statistischer Modelle untersucht werden. Auf die Parameter dieser Modelle können dann inferenzstatistische Verfahren angewandt werden. Eine besondere Rolle spielen in der Psychologie statistische Modelle mit latenten Variablen. Mithilfe dieser können wir viele Fragestellungen der psychologischen Diagnostik im Rahmen der Inferenzstatistik zu behandeln.

Literatur

Bakker, M., van Dijk, A., & Wicherts, J. M. (2012). The Rules of the Game Called Psychological Science. *Perspectives on Psychological Science, 7*(6), 543–554.

Benjamin, D. J., Berger, J. O., Johannesson, M., Nosek, B. A., Wagenmakers, E.-J., Berk, R., Bollen, K. A., Brembs, B., Brown, L., Camerer, C., Camerer, D., & Johnson, V. E. (2018). Redefine statistical significance. *Nature Human Behaviour, 2,* 6–10.

Bühner, M. (2011). *Einführung in die Test- und Fragebogenkonstruktion.* München: Pearson Studium.

Bühner, M., & Ziegler, M. (2017). *Statistik für Psychologen und Sozialwissenschaftler.* München: Pearson Studium.

Fahrmeir, L., Kneib, T., Lang, S., & Marx, B. (2013). *Regression: Models, Methods and Applications.* Berlin: Springer.

Ioannidis, J. P. A. (2005). Why most published research findings are false. *PLoS Medicine, 2,* e124.

James, G., Witten, D., Hastie, T., & Tibshirani, R. (2017). *An Introduction to Statistical Learning.* New York: Springer.

Klein, R. A., Vianello, M., Hasselman, F., Adams, B. G., Adams, R. B., Jr., Alper, S., Aveyard, M., Axt, J. R., Babalola, M. T., Bahník, Š., & Batra, R. (2018). Many Labs 2: Investigating Variation in Replicability Across Samples and Settings. *Advances in Methods and Practices in Psychological Science, 1*(4), 443–490.

Open Science Collaboration (2015). Estimating the reproducibility of psychological science. *Science, 349,* aac4716.

Wickham, H. (2016). *ggplot2: Elegant Graphics for Data Analysis.* New York: Springer.

If you have any concerns about our products,
you can contact us on
ProductSafety@springernature.com

In case Publisher is established outside the EU,
the EU authorized representative is:
**Springer Nature Customer Service Center GmbH
Europaplatz 3, 69115 Heidelberg, Germany**

Printed by Libri Plureos GmbH
in Hamburg, Germany